可靠性技术丛书

U0174653

装备电化学腐蚀仿真原理与应用

工业和信息化部电子第五研究所　组编

张博　雷冰　田野　张铮　编著

编写组成员：邓俊豪　于宏飞　王荣祥
龚雨荷　陈梓杰　刘丽红

電子工業出版社
Publishing House of Electronics Industry
北京·BEIJING

内 容 简 介

本书围绕当前装备腐蚀防护正向设计过程中对腐蚀仿真技术的需求，以海洋环境下最常见的电化学腐蚀为对象，阐述了电化学腐蚀仿真计算的基本原理、仿真计算建模过程和典型应用情况，同时对未来以腐蚀仿真为主要特征的装备腐蚀防护数字孪生和数字化转型进行了论述，以期为我国的装备腐蚀防护设计提供一些有益的参考。

本书可作为从事装备腐蚀防护设计的科研技术人员的参考用书，也可作为相关专业研究生的教学用书。

图书在版编目（CIP）数据

装备电化学腐蚀仿真原理与应用 / 工业和信息化部电子第五研究所组编 ; 张博等编著. -- 北京 : 电子工业出版社, 2024. 7. -- (可靠性技术丛书). -- ISBN 978-7-121-48207-6

Ⅰ. TG172

中国国家版本馆 CIP 数据核字第 2024LS5840 号

责任编辑：牛平月（niupy@phei.com.cn）
印　　刷：涿州市般润文化传播有限公司
装　　订：涿州市般润文化传播有限公司
出版发行：电子工业出版社
　　　　　北京市海淀区万寿路 173 信箱　　邮编：100036
开　　本：720×1 000　1/16　印张：10　　字数：214 千字
版　　次：2024 年 7 月第 1 版
印　　次：2025 年 1 月第 3 次印刷
定　　价：68.00 元

凡所购买电子工业出版社图书有缺损问题，请向购买书店调换。若书店售缺，请与本社发行部联系，联系及邮购电话：(010) 88254888，88258888。

质量投诉请发邮件至 zlts@phei.com.cn，盗版侵权举报请发邮件至 dbqq@phei.com.cn。

本书咨询联系方式：niupy@phei.com.cn。

前言

在当前日益复杂的装备服役环境下，提高装备的腐蚀防护性能和运行可靠性，对确保装备顺利履行使命任务具有十分重大的意义。目前，腐蚀已经成为影响我国装备在航率、任务完成和全寿命周期成本的主要因素，影响着我国的战略发展规划及国防安全，是亟须解决的系统性问题。提高装备的腐蚀防护性能刻不容缓。

装备腐蚀防护设计是一项多学科交叉的系统工程，涉及物理、化学、力学、材料学等学科。传统的装备腐蚀防护设计通常依靠实物试验来暴露设计问题，采用“设计—试验验证—修改设计—再试验”反复迭代的串行研发模式，费效比高，试验周期长。未来装备的技术复杂程度和性能指标要求会越来越高，研发难度将显著增大，研发进度愈加紧迫，传统的研发模式已难以满足发展需求，需要实现从“传统设计”到“预测设计”的模式变革。

腐蚀仿真技术是助推装备腐蚀防护设计和环境适应性设计模式变革的重要手段，体现了一个国家的高端装备研发水平，可大幅提高装备的研发效率和质量，减少腐蚀相关的实物试验次数，缩短研发周期，降低研发成本。美国早在20世纪中期就认识到仿真技术在装备优化设计过程中的重要作用。1965年6月，美国空军科学顾问委员会的报告指出，预测装备的综合性能必须利用试验数据、使用分析程序才能做到，这种分析一般都涉及模型、仿真或算法。国内外经验已经证实，在装备研发阶段，基于腐蚀仿真技术开展高效、科学和具有前瞻性的腐蚀防护设计，是延长装备使用寿命、降低腐蚀故障率最有效的方法。腐蚀仿真技术可通过仿真计算预测腐蚀风险，具有成本低、耗时短、适用范围广等特点。腐蚀仿真技术基于物理原理构建数学模型，在虚拟环境中进行腐蚀分析和设计优化，无须投入大量试验样品，可以大大降低研发和时间成本，已在欧美国家的装备腐蚀防护设计中取得了巨大成功。

本书围绕当前装备腐蚀防护正向设计过程中对腐蚀仿真技术的需求，将海洋环境下最常见的电化学腐蚀作为研究对象展开写作。前3章阐述了电化学腐蚀理论基础和仿真计算的基本原理，包括腐蚀机理、电极反应动力学、腐蚀电场求解等。第4章介绍了仿真计算建模过程，讲解了如何从实际腐蚀环境中抽象出数学模型，如何选择合适的算法和工具进行仿真计算，以及如何对仿真结果进行分析和解释。同时通过一系列典型的应用案例，展示了电化学腐蚀仿真技术在装备腐蚀防护设计中的应用效果。第5章和第6章对未来以腐蚀仿真为主要特征的装备腐蚀防护数字孪生和装备腐蚀防护数字化转型进行了论述，以期为我国的装备腐蚀防护设计提供一些有益的参考。

参与本书编写的有张博、雷冰、田野、张铮、邓俊豪、于宏飞、王荣祥、龚雨荷、陈梓杰、刘丽红，书中的有些资料来自国内外相关文献及手册。

由于编著者水平有限，加之装备腐蚀防护问题的复杂性，书中难免存在不足之处，敬请读者批评指正。

编著者

目录

第1章

绪　　论

1.1 装备腐蚀仿真分析需求

腐蚀是制约舰船、航空器、车辆等装备性能的关键因素之一，特别是在建设海洋强国的背景下，装备广泛面向海洋严酷的腐蚀环境服役，装备腐蚀问题更加凸显。2005 年，美国海军研究局调研指出，腐蚀是海军装备的首要维修难题，每年因装备腐蚀约耗资 4.44 亿美元（见图 1-1）。我国的工业体系较美国相对落后，装备腐蚀问题更加严重。据统计，在 2014 年，我国装备腐蚀成本达 21 278.2 亿元，约占当年国内生产总值的 3.34%。装备腐蚀防护正向设计是一项复杂的系统工程，涵盖材料体系、搭接工艺、服役环境等多个方面。传统的装备腐蚀防护设计通常依靠实物试验暴露设计问题，采用“设计—试验验证—修改设计—再试验”反复迭代的串行研发模式，费效比高，试验周期长。未来装备的技术复杂程度和性能指标要求会越来越高，研发难度将显著增大，研发进度愈加紧迫，传统的研发模式已难以满足发展需求，需要实现从“传统设计”到“预测设计”的模式变革。腐蚀仿真技术是助推装备腐蚀防护设计和环境适应性设计模式变革的重要手段。

腐蚀是材料与环境相互作用而导致的劣化失效。装备腐蚀问题频发且难以根治的根本原因在于装备腐蚀过程的复杂性、不确定性。一方面，装备是由大量元器件、部件组成的复杂系统，装备内部存在压力、应力、运动载荷等的作用；另一方面，服役环境中侵蚀性因子的动态耦合作用也会诱发复杂的腐蚀过程。通过传统的实验室研究、腐蚀暴晒试验等手段进行腐蚀评估预测，虽然能够在一定程度上减缓装备腐蚀速度，也取得了一定效果，但是效率低，无法满足新时代装备快速迭代研发的需求。

目前，装备腐蚀研究方法主要包括三类：实验室研究、现场挂片研究和仿真分析。

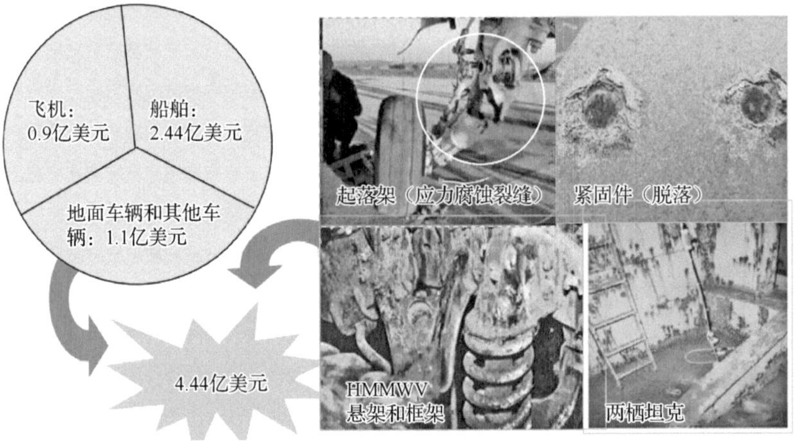

图 1-1　美国海军装备腐蚀成本

装备在海洋环境中受海水流速、温度、含盐量，大气湿度、含氧量，以及海洋生物等多因素的影响，容易产生电化学腐蚀和生物腐蚀，这会使其使用寿命缩短。复杂多变的海洋环境模拟难度大，海洋工程装备体积庞大，构件和整机试验成本高、周期长，物理试验技术难以满足海洋装备腐蚀预测和防护需求。随着计算机技术水平的不断提高，腐蚀仿真技术也得到了飞速发展。腐蚀仿真技术通过计算机模拟，可以准确预测出材料在特定腐蚀环境下的长期腐蚀行为，有助于及时、准确地提出有效的腐蚀防护对策和技术方案。目前，腐蚀仿真技术已经越来越广泛地应用于腐蚀防护研究和实际工程，为解决装备腐蚀防护领域的技术难题提供了一种有效的技术手段和途径。

腐蚀仿真技术也称为腐蚀模拟技术，其研究领域涉及多个学科，包含计算机科学、数学、材料学、力学、工程技术等。在解决工程科学问题方面，腐蚀仿真技术、理论分析和实验研究被称为三大支柱。腐蚀仿真技术具有不受时间和空间限制的优点，可便捷地模拟各种环境条件下的材料腐蚀问题。随着计算机技术的飞速发展，腐蚀仿真技术已成为预测和评价海洋工程装备腐蚀、优化防护效果的重要技术手段。腐蚀仿真的基本流程：首先基于已有的实验环境数据设定初始条件，并构建仿真模型；其次在仿真程序中进行模拟实验，并计算出模拟结果；最后通过计算结果探寻规律。相较于传统的试验操作和理论分析方法，腐蚀仿真技术具有实验周期短、可进行多因素耦合、输出结果直观等优势。在材料腐蚀与防护领域，采用腐蚀仿真技术与理论分析和实验研究相结合的方法，可以得到更为丰富的信息，这种方法在装备腐蚀防护设计方面有着非常好的应用前景。

1.2 电化学腐蚀仿真对装备性能提高的作用

腐蚀仿真技术由于具有成本低、耗时短、适用范围广等特点，已经广泛应用于发达国家的装备领域，近年来呈现迅猛发展的趋势。美国早在20世纪中期就认识到仿真技术在装备优化设计过程中的重要作用。1965年6月，美国空军科学顾问委员会的报告指出，预测装备的综合性能必须利用试验数据、使用分析程序才能做到，这种分析一般都涉及模型、仿真或算法。20世纪60年代后期，研究人员第一次使用腐蚀仿真技术进行腐蚀预测，采用的是有限微分法。随后，有限差分法因在许多场合下具有比有限微分法更高的精度而被应用于腐蚀预测。但由于有限差分法不适用于三维图形模拟，因此20世纪70年代研究人员开始使用有限元法（Finite Element Method）。与有限微分法相比，有限元法在编程解决问题方面更加容易。但是使用有限元法需要生成有限单元网格，该过程极其烦琐而且耗时耗力，尤其是针对典型的腐蚀问题。因此，在20世纪70年代后期，边界元法（Boundary Element Method）被广泛应用，它是数值方法的另一种形式，常用于分析、设计和优化阴极保护系统。在20世纪80年代后期到20世纪90年代后期的10年间，边界元法应用于阴极保护系统的文献可以分为两类：设计分析和案例研究。设计分析是指处理一般的设计问题及恰当的边界元相关工具的分析与开发，案例研究是指使用现有的技术来分析现有的系统并将结果与可靠的实验数据进行比较。

边界元法的原理是，首先基于格林（Green）函数将待求解的数学物理问题的微分方程转换成边界上的积分方程；其次采取边界单元离散和分片插值技术对边界进行离散，从而将边界上的积分方程离散为代数方程；最后采用数值方法求解出原问题中边界上的积分方程的数值解。采用边界元法可以将边界上的积分方程离散后再进行分析，这样可以降低所考虑问题的维数。对于边界元法，关键问题在于其数学模型的构建需要做出合理的假设，同时需要根据一定的边界条件对数学模型进行求解。2005年有报道指出，国外已采用边界元法对全尺寸舰船进行了腐蚀防护优化设计，该报道主要描述了通过计算机建模来预测杂散电流的腐蚀，对采用边界元法建模分析、设计和优化阴极保护系统进行了讨论。

自20世纪60年代开始，国外就开始开发腐蚀数据库供从事腐蚀防护相关工作的技术人员使用。美国的NACE和NBS合作开发了腐蚀数据库，NACE又陆续开发了腐蚀数据库COR.SUB和COR.AB，其中COR.SUB是关于25种常用的工程金属材料在1000种介质中、在不同温度和浓度下的腐蚀数据库；COR.AB包括*Corrosion Abstracts*自1962年创刊至今的全部内容。德国也开发了类似的腐蚀数据库DECHEMA。

20世纪80年代中期，人工神经网络得到了迅速发展并被应用于材料腐蚀与防护领域，用来预测腐蚀类型和腐蚀性能等，如金属材料腐蚀类型预测、金属材料应力腐蚀断裂预测、非金属材料老化预测等。腐蚀专家系统是计算机在腐蚀科学技术领域中应用的一个重要方面。例如，ACHILLES 腐蚀专家系统包括海洋应用材料、涂料涂层、腐蚀监测、大气腐蚀、生物腐蚀、阴极保护等 9 个系统，美国的阴极保护系统主要针对地下结构管道、贮罐等进行阴极保护设计、维护等。

腐蚀仿真技术经过 30 多年的发展，目前已形成行业共识：在装备研发阶段，基于腐蚀仿真技术开展高效、科学和具有前瞻性的腐蚀防护设计，是延长装备使用寿命、降低腐蚀故障率最有效的方法。基于这一共识，以美国为代表的发达国家在 20 世纪就结合装备研制开发了多款腐蚀仿真软件（如 Corrdesa 公司开发的 Corrosion Djinn、Computational Mechanics 公司开发的 BEASY、Elsyca 公司开发的 CorrosionMaster 等）。这类软件通过仿真计算，可以充分考虑不同金属材料、各类涂层、外部环境、产品结构等因素对腐蚀的影响，精确地预测腐蚀风险，其应用已在战斗机、舰船的腐蚀防护设计上取得了巨大成功。近年来，美国 GCAS 公司开发了一种基于仿真的加速腐蚀专家模拟器（ACES）。ACES 被美国陆军首先用于模拟轮式车辆由于腐蚀随时间延长的性能劣化趋势，模拟结果与实际加速腐蚀试验数据具有非常高的相关度。ACES 先对全尺寸车辆进行三维模拟，然后进行全面检测以确定故障并给出修复措施。之后，美国海军对 ACES 进行了扩展，开发了模拟点蚀、剥蚀和应力腐蚀开裂 3 种腐蚀形式的仿真模型，以及一个带有学习算法的知识自动获取模块。目前，ACES 已被用于预测美国陆军装备的腐蚀程度。总之，ACES 代表了全尺寸车辆腐蚀倾向预测和模拟方面的重大进步。

目前，舰船、航空器、车辆等装备的腐蚀形式以电化学腐蚀为主。国外成熟的腐蚀仿真软件正是以电化学腐蚀过程为理论基础，开展复杂装备的腐蚀动力学过程和整体腐蚀热点的仿真评估的。但是，由于电化学腐蚀过程的复杂性，因此单纯依靠电化学腐蚀的基础理论，是无法得到精准的仿真结果的，还需要大量的装备实际材料在实战环境中的腐蚀数据库作为腐蚀仿真软件的支撑，才能得到精准的仿真结果。目前，国外相关的腐蚀仿真软件已经构建了完整的腐蚀算法体系、数据库系统，可以高效、精确地完成复杂装备的电化学腐蚀过程模拟。然而，国内相关的腐蚀仿真工作尚停留在实验室研究层面，主要基于电化学腐蚀的基础理论对小型部件进行腐蚀预测，腐蚀仿真软件整体功能有限、普适性差、覆盖领域少，无法满足大型装备电化学腐蚀的精准仿真需求。在当前装备快速研发的背景下，我国大型装备腐蚀仿真领域的信息安全及核心技术受制于人，尚未实现自主可控，制约着我国高性能装备的研制，这个问题亟须解决。

海军装备因其独特的海洋服役环境而易受到海洋大气、海水等介质的腐蚀，其可靠性及安全性会降低，经济性也会受到严重的影响。为了降低维护成本，减小腐蚀对装备安全和战备的影响，应对装备在全寿命周期内进行腐蚀防护控制。传统的方法通常是依靠实验室研究及自然环境试验等手段暴露问题后再寻求补救措施，这种方法不能有效地预测并减少腐蚀损失。随着腐蚀仿真技术的不断发展，其优势已逐渐显现：既可以对实物试验难以完成的多种复杂问题进行模拟，又可以对装备腐蚀防护设计方案甚至整机系统进行虚拟仿真分析，提前暴露可能出现的问题，弥补实物试验的不足。目前，腐蚀仿真技术在腐蚀防护领域已得到人们的广泛关注，研究逐渐从材料级、部件级向系统级、体系级过渡，如图 1-2 所示。然而，在实现腐蚀仿真技术工程化应用之前，仍有许多问题需要解决。

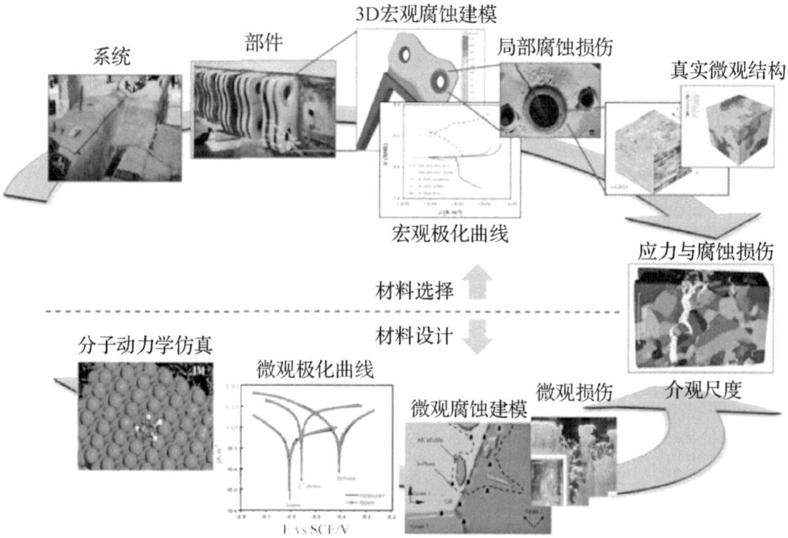

图 1-2 不同尺度的腐蚀仿真技术发展

1.3 装备腐蚀仿真软件发展情况

目前，国外成熟的装备腐蚀仿真软件主要有美国的 Corrosion Djinn、英国的 BEASY、比利时的 CorrosionMaster、瑞典的 COMSOL Multiphysics、美国的 OLI Corrosion Analyzer 及法国的 Cetim Procor Cathodic Protection Simulation。

1. 美国的 Corrosion Djinn

Corrosion Djinn 是美国的 Corrdesa 公司在美国海军研究办公室（ONR）资助的海基航空（Sea-Based Aviation，SBA）项目背景下开发的腐蚀仿真软件，如图 1-3 所示。该软件基于西门子公司的 Simcenter STAR-CCM+开发，采用多物理场模拟方法解决海军航空装备电化学腐蚀问题。飞机常用材料的电化学参数库、极化曲线解析、薄液膜环境腐蚀参数分析是该软件的特色。该软件能够分析复杂材料体系搭配、涂层、表面处理工艺等对飞机结构腐蚀热点的影响，在宏观和微观尺度模拟评估电偶腐蚀等对飞机结构安全性的影响。目前，该软件在国内禁用。

Corrosion Djinn 主要用于评估飞机上的异种金属电偶腐蚀问题。首先，构建了飞机常用材料的电化学参数库，其中包括实验测得的材料极化曲线；其次，根据实际结构模型，对异种金属搭接部位的电偶腐蚀强度进行评估，找出腐蚀热点。

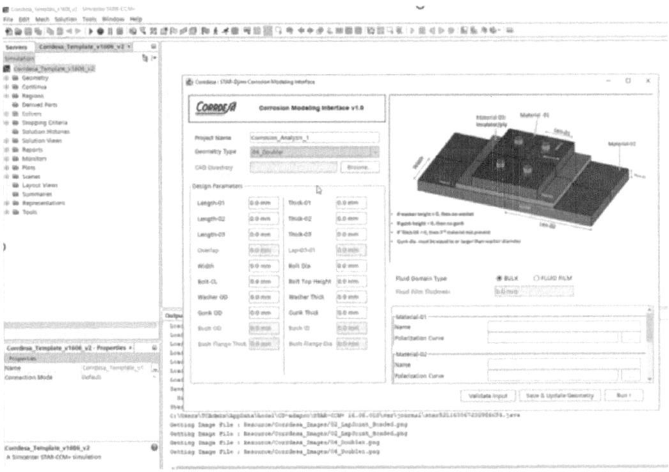

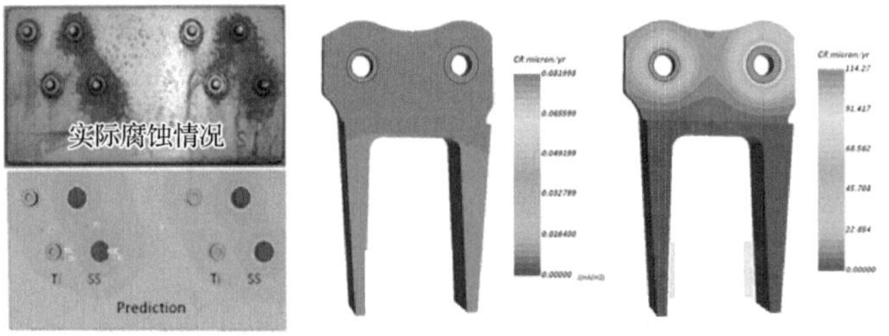

腐蚀仿真结果　　溶液环境腐蚀速率　　薄液膜环境腐蚀速率

图 1-3　Corrosion Djinn 仿真

2. 英国的 BEASY

BEASY 是英国的 Computational Mechanics 公司开发的腐蚀仿真软件，如图 1-4 所示。BEASY 以边界元法为基础，通过求解偏微分方程（单物理场）或偏微分方程组（多物理场耦合）实现真实物理现象的仿真，用数学方法求解真实世界的物理问题，主要用于电化学腐蚀仿真分析计算、腐蚀控制、电偶腐蚀、特征管理、缺陷评估和裂纹扩展模拟等计算模拟领域。BEASY 的腐蚀仿真模块主要包括两部分：电化学材料数据库及腐蚀预测模块 BEASY POLCURVEX 和电化学腐蚀仿真分析模块

BEASY Corrosion Manager。BEASY POLCURVEX 模块侧重于数据驱动的腐蚀预测，允许设计和维护工程师通过腐蚀动力学（金属极化、电解质特性、控制电偶腐蚀过程的暴露条件）因素对装备腐蚀风险做出评估；允许用户对实测的动电位极化曲线进行反卷积，将其转化为电化学速率方程；支持在电化学材料数据库内收集和管理大气薄液膜和浸泡电解液环境下的极化数据；提供了电化学材料数据库，其中包括常用的商业结构材料数据库、航空航天结构材料数据库和海洋工程结构材料数据库等。BEASY Corrosion Manager 模块侧重于理论驱动的仿真计算，即采用计算方法对不同环境和设计方案中的腐蚀开展定量预测计算，可以在结构的表面定义不同厚度的电解液环境，包括结构缝隙的定义和电解液环境特征的定义，预测腐蚀发生的位置，评估腐蚀的严重程度，以及不同设计方案的腐蚀防护性能优劣。

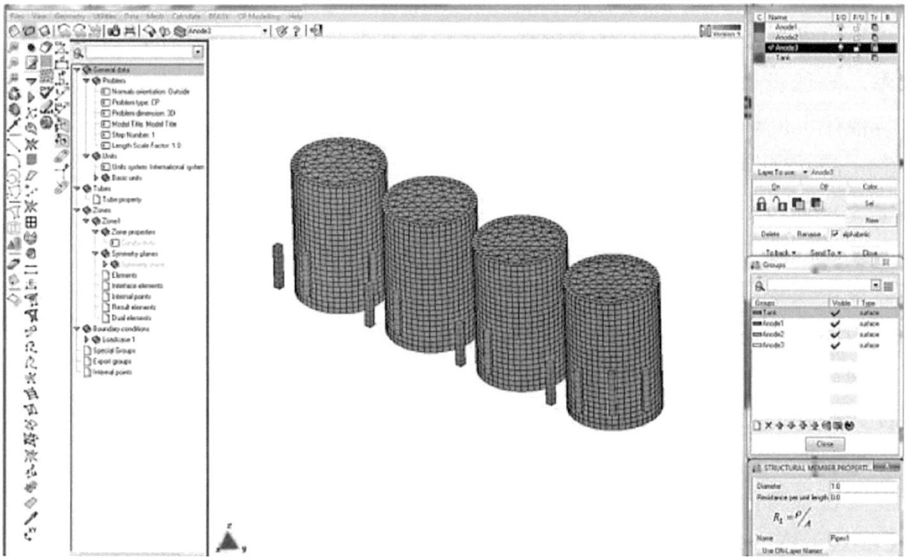

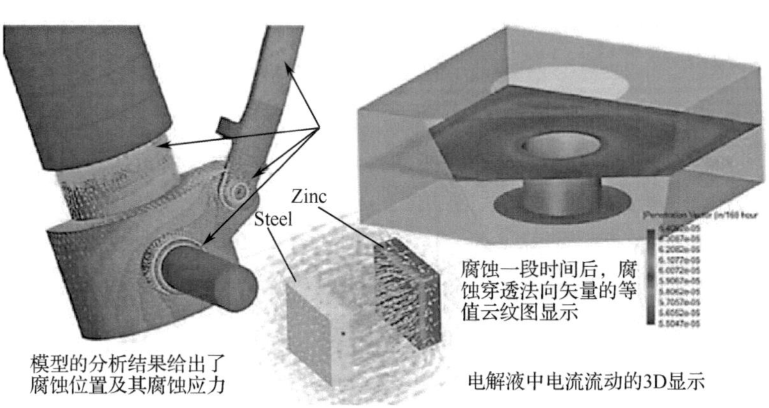

图 1-4　BEASY 仿真

BEASY 的特点包括：基于边界元法和有限元法开发；提供了电化学材料数据库（包括材料的物化特性、极化曲线和涂料老化数据）；采用薄液膜理论，支持复杂几何模型输入，计算稳健、快速；内置智能网格生成器，无须用户手动划分网格；支持腐蚀与腐蚀后剩余寿命预测的一体化解决方案；支持腐蚀后结构形貌输出；支持依时动态腐蚀仿真；可自动生成仿真报告；操作界面简洁、友好，操作简单；等等。BEASY 的工程应用广泛，尤其在航空、国防、海洋等领域有大量的实际应用案例。

3．比利时的 CorrosionMaster

21 世纪初期，比利时的 Elsyca 公司开始研究 F-18 战斗机的腐蚀问题，成功开发出 CorrosionMaster。该软件能够进行高精度的电化学腐蚀仿真，由该软件仿真得到的结果可以作为评估金属的电化学腐蚀风险的理论依据，并为腐蚀防护设计工作提供数据支持和科学的理论依据。该软件在提高装备稳定性的同时还可以加快装备设计流程，降低设计成本，并且可用来评估装备腐蚀防护改造或维修的可行性，快速评估装备在不同环境下的腐蚀行为，以及优化和验证不同的设计方案。

CorrosionMaster 功能强大，自动化程度和灵活性高；支持复杂几何模型输入，可利用 CATIA、UG 等专业 CAD 软件进行建模，导入模型之后自动识别模型中容易发生腐蚀的部位并划分网格；其专业的前处理器可用来解析金属的极化曲线，同时用户可自定义环境数据和材料数据；配合其强大的求解器，可模拟各种在不同环境条件下的部件级研究对象的均匀腐蚀、电偶腐蚀，模拟腐蚀速率及电流密度分布，仿真腐蚀后的结构形貌；仿真之后利用后处理器可快速生成仿真报告，从而能够精确地评估不同的材料种类、不同的结构设计和不同的外界环境等因素对金属腐蚀行为的影响；使设计师和工程师能够在设计的早期阶段识别腐蚀风险，制订解决方案，从而降低装备腐蚀风险，提高装备设计水平。

CorrosionMaster 用于评估飞机复杂结构的腐蚀热点、电化学保护系统设计的合理性、腐蚀减薄规律等，包含前处理器、求解器和后处理器三个模块，采用有限元法进行仿真计算，计算流程与 Corrosion Djinn、BEASY 类似，其计算流程如图 1-5 所示。

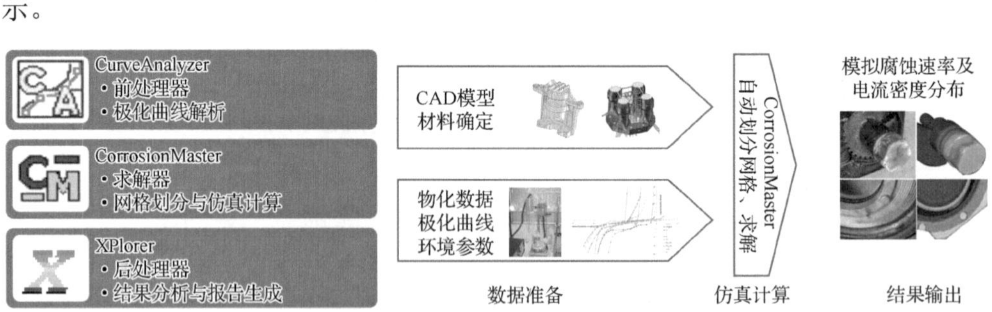

图 1-5　CorrosionMaster 的计算流程

4. 瑞典的 COMSOL Multiphysics

瑞典的 COMSOL Multiphysics 开发于 20 世纪 80 年代，源自 MATLAB 的偏微分方程工具箱，是一款优秀的多物理场耦合建模软件，当前其研发总部位于美国。COMSOL Multiphysics 是一款功能强大的仿真分析软件，不仅能够模拟电学、声学、光学、传质与传热、电化学、流体力学与结构力学等单一物理场下发生的物理化学过程，还能够进行多物理场耦合仿真分析，再配合强大的求解器，可广泛应用于诸多工业领域。该软件可以精确地进行建模，具有非常高的灵活性，可用软件内置或自定义的方程来描述任意的物理场，并且可以耦合任意不同的物理场，以期更精确地模拟真实世界中发生的一系列复杂的物理化学过程。该软件用于模拟、分析各种不同物理场下的实际工程问题。

该软件中的电化学腐蚀模块可用于对金属在电解液作用下发生的各种类型的电化学腐蚀进行建模和仿真。该模块功能强大，可用于构建复杂的几何模型，并且可以灵活定义金属表面的电化学反应、在金属和溶液之间的界面上发生的其他反应，以及界面和电解液中的物质传递、金属本体中的电流传导，可以直接模拟各种类型的腐蚀问题。该模块通过模拟腐蚀过程中电极表面发生的电化学反应、电解质的变化描述腐蚀过程中的物质传递与腐蚀产物，同时可通过 Butler-Volmer 公式、Tafel 公式或自定义电化学方程对腐蚀电位和电流密度分布进行定义或描述，求解可得到包括电化学反应及电解质和金属的电流、电位等在内的结果，以及腐蚀过程中的均相现象。另外，该模块结合动网格模型可还原材料的动态腐蚀过程，为腐蚀防护机理分析和腐蚀防护措施的性能评价提供科学的依据，可减少实验工作量，提高工作效率，降低腐蚀研究的成本。该模块可以直接仿真大多数电化学腐蚀过程，如原电池腐蚀、点腐蚀和缝隙腐蚀，通过模拟腐蚀界面的变化及其附近电解质的变化，研究腐蚀性介质和腐蚀材料中的物质传递过程。该模块中还包含对腐蚀电位和电流密度分布进行模拟的标准接口。COMSOL Multiphysics 的界面如图 1-6 所示。

5. 美国的 OLI Corrosion Analyzer

OLI Corrosion Analyzer 是由美国的 OLI Studio 公司开发的一款基于第一性原理的腐蚀预测软件，能够预测整体腐蚀速率、合金发生局部腐蚀的倾向、热处理合金的损耗曲线及合金的热力学稳定性等。该软件通过识别腐蚀的反应机理，使用户能够处理水相腐蚀问题，进而采取措施降低或消除腐蚀所带来的风险。该软件主要用于石化领域的材料腐蚀分析。

OLI Corrosion Analyzer 是基于金属腐蚀理论及大量现场实际数据构建的灵活实用的系统，包括化学动力学和热力学分析计算模型、氧化-还原反应模拟计算分析模型、腐蚀预测分析模型等多个模型，不仅可以分析计算体系在各种条件下的各种物理、化学、动力学和热力学参数，还可以分析计算各种金属在某种环境下的腐蚀情况。该软件提供了强大的 OLI 公共数据库、Corrosion 数据库等多个数据库，方便使用者查询所需物质的有关信息。OLI Corrosion Analyzer 能够分析在环境温度、压力、pH、物质组成和流动状态等变化的情况下金属的腐蚀情况。该软件还提供了电位-pH图、腐蚀速率-温度曲线、腐蚀速率-流速曲线、腐蚀速率-pH 曲线、腐蚀速率-组分曲线、腐蚀速率-压力曲线及极化曲线等多种计算分析结果，以帮助现场技术人员和科研人员对腐蚀进行深入的分析，并且找到解决和预防腐蚀问题的方法。OLI Corrosion Analyzer 可以分析预测各种金属的化学及电化学腐蚀，已在石油和化学工业中得到了广泛应用，其界面如图 1-7 所示。

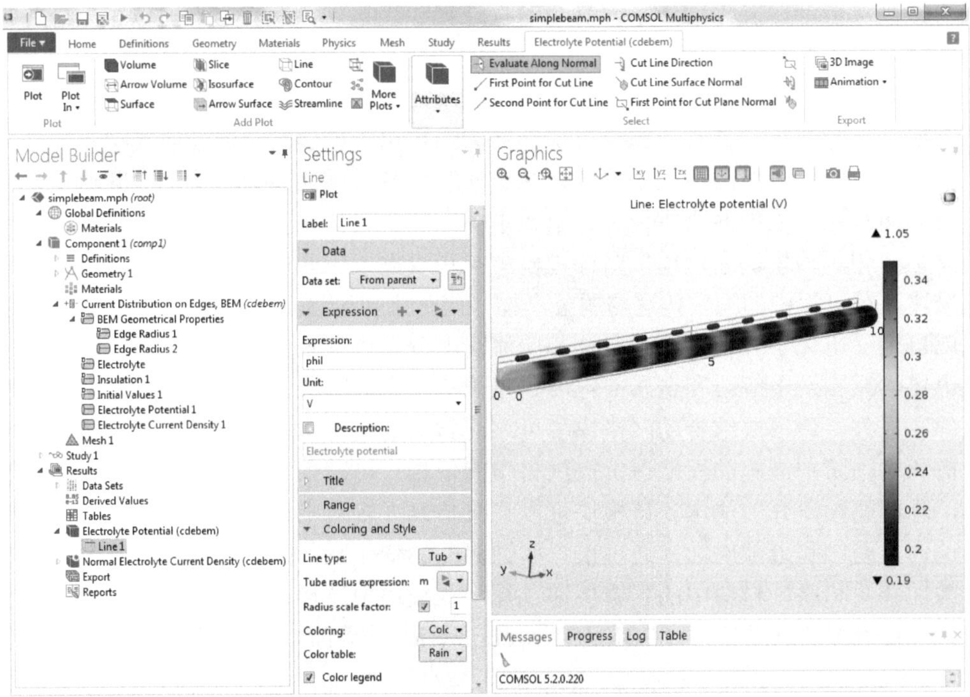

图 1-6　COMSOL Multiphysics 的界面

6．法国的 Cetim Procor Cathodic Protection Simulation

法国的 Cetim Procor Cathodic Protection Simulation 主要用于海上平台的牺牲阳极阴极保护系统的设计与评估，其功能如图 1-8 所示。该软件基于电偶腐蚀原理，对牺牲阳极阴极保护系统的整体效果进行评估，结合腐蚀电流、腐蚀电位的空间分布趋势，对阳极位置、数量进行优化设计。

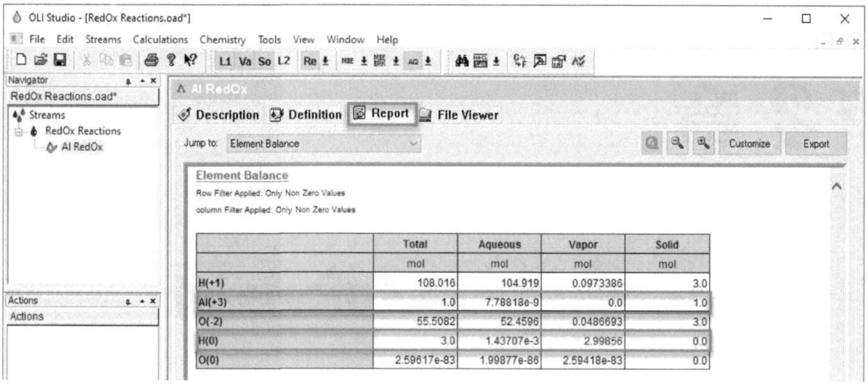

图 1-7 OLI Corrosion Analyzer 的界面

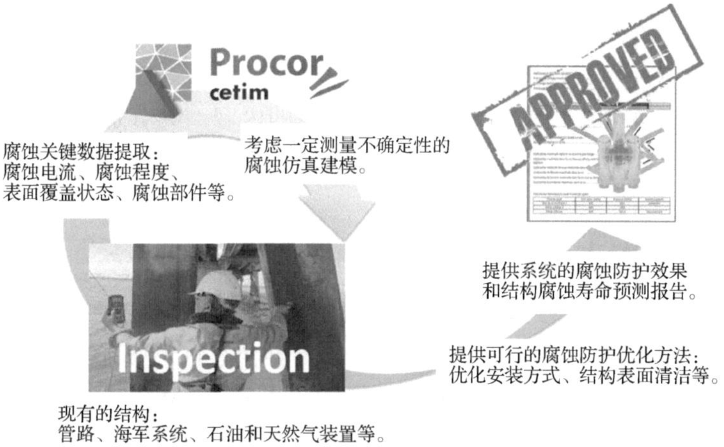

图 1-8 Cetim Procor Cathodic Protection Simulation 的功能

1.4 本书章节安排

本书围绕当前装备腐蚀防护正向设计过程中对腐蚀仿真技术的需求，系统地论述了电化学腐蚀基础理论和仿真计算流程。全书分为 7 章，第 1 章为绪论，重点介绍了装备腐蚀仿真分析需求及相关软件的发展情况；第 2 章为电化学腐蚀理论基础，重点介绍了电化学腐蚀的热力学、动力学机理；第 3 章为电化学腐蚀仿真计算原理，重点介绍了电化学腐蚀数学模型构建、腐蚀电场求解方法及电化学腐蚀仿真计算流程；第 4 章为装备电化学腐蚀仿真应用，包括在装备电偶腐蚀防护中的应用和在装备电化学保护系统设计中的应用；第 5 章和第 6 章介绍了装备腐蚀仿真领域的未来发展趋势，包括装备腐蚀防护数字孪生和装备腐蚀防护数字化转型。

第2章

电化学腐蚀理论基础

在海洋环境下金属的腐蚀是以电化学腐蚀的形式进行的。在这个过程中，金属被氧化，释放出的电子被电子受体（氧化剂）接收，氧化剂被还原，从而构成一个完整的电化学反应过程。我们通常所见的电化学腐蚀为金属在离子导电的介质（电解质）中发生的腐蚀，这正是本章所要重点讨论的内容，其有别于金属与非电解质直接发生纯化学反应而引起的破坏。

2.1 腐蚀原电池

电化学反应大多是在各种化学电池或电解池中进行的，单独的半电池反应或半电解池反应在实际中很少发生。也就是说，有阳极反应（氧化反应）就有阴极反应（还原反应），反之亦然。这是因为：如果要使某个电极系统偏离平衡状态而发生净的氧化反应或还原反应，则反应所生成（或消耗）的电子需要被另一个还原反应消耗（或由另一个氧化反应释放出来的电子来补充）。将化学能转变为电能的装置称为原电池。

如果将两个金属电极 M_1、M_2 浸在适当的电解液中（见图 2-1），当外电路断开时，就组成一个未工作的原电池。若两个电极系统的平衡电位分别是 E_{e1}、E_{e2}，并且假设 $E_{e1}<E_{e2}$，则此原电池的电动势为

$$V_0 = E_{e2} - E_{e1} \tag{2-1}$$

若此时将原电池的两个电极通过一个用电器接通，则电流将从电位高的一端通过用电器流向电位低的一端。根据基尔霍夫（Kirchhoff）电流定律可知，在导体的每一点上流入的电流与从这一点流出的电流相等。假定电极 M_1 和 M_2 的表面积都是单位面积，则在原电池的外电路中有电流 I 从电极 M_2 通过用电器流入电极 M_1 时，原电池的内部电路中有同样大小的电流 I 从电极 M_1 的表面流向溶液，经过溶液流向电极 M_2 的表面。

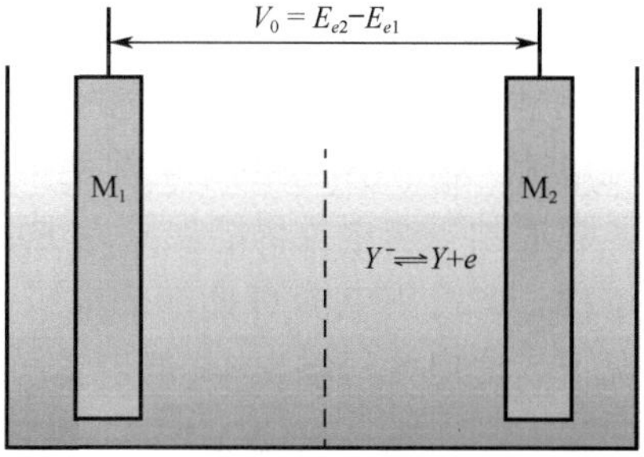

图 2-1　原电池及腐蚀原电池示意图

既然有电流 I 从电极 M_1 的表面流向溶液，对于这个电极来说，该电流就是阳极电流，这个电极系统的电极反应就偏离了平衡状态，向阳极反应方向进行，即

$$R_{M1} \rightarrow O_{M1} + ne \tag{2-2}$$

相对于这个偏离了平衡状态的不可逆的阳极反应过程，实际的电极电位比平衡电位更高，即

$$E_1 = E_{e1} + \eta_1 \tag{2-3}$$

式中，η_1 称为过电位。同理，对于由电极 M_2 和溶液组成的电极系统来说，由于电流 I 是从溶液流向电极 M_2 的表面的，因此该电流是阴极电流，在电极 M_2 的表面电极反应向阴极反应方向进行，即

$$O_{M2} + ne \rightarrow R_{M2} \tag{2-4}$$

相对于这个偏离了平衡状态的不可逆的阴极反应过程，实际的电极电位将比平衡电位更低，即

$$E_2 = E_{e2} - |\eta_2| \tag{2-5}$$

如果溶液中的电阻很小，以至于所产生的欧姆电位降可以忽略不计，那么此时原电池的两个电极的端电压将是

$$V = E_2 - E_1 = E_{e2} - |\eta_2| - (E_{e1} + \eta_1) = V_0 - (\eta_1 + |\eta_2|) \tag{2-6}$$

整个原电池中所发生的物质变化是式（2-2）和式（2-4）相加，也就是

$$R_{M1} + O_{M2} \rightarrow O_{M1} + R_{M2} \tag{2-7}$$

这是一个以 R_{M1} 为还原剂、以 O_{M2} 为氧化剂的氧化还原反应。根据化学热力学知识可知，使这个化学反应能够从式（2-7）左侧向右侧进行的化学亲和势是

$$A = -\sum_j \nu_j \mu_j = \mu_{R_{M1}} + \mu_{O_{M2}} - \mu_{O_{M1}} - \mu_{R_{M2}} \tag{2-8}$$

若将可逆状态下释放出的化学能换算成最大有用电功，则可计算出该原电池的电动势为

$$V_0 = \frac{A}{nF} = \frac{-\sum_j \nu_j \mu_j}{nF} \tag{2-9}$$

因此，原电池工作的动力来自原电池中发生的氧化还原反应的化学亲和势。这就是我们说原电池是直接将化学能转变为电能的装置的原因。

如果原电池输出电功时电流 I 非常小，小到原电池两个电极系统的电极反应仍能保持平衡状态，也就是说，它们的平衡电位仍能保持为 E_{e1} 和 E_{e2}，则在这种情况下进行的反应过程称为可逆过程。此时用电器 G 两端的电压 $V_0 = E_{e2} - E_{e1}$，这就是原电池的电动势。在这种情况下，原电池每输出 1F 的电量所做的电功为

$$W_0 = V_0 F = \frac{A}{n} \tag{2-10}$$

实际上为了使用电器 G 工作，必须有相当大的电流通过用电器 G，两个电极系统的电极反应将以不可逆的方式进行。此时原电池的端电压不能保持为 V_0，而会像式（2-6）那样降低为 V。在这种情况下，原电池每输出 1F 电量所做的电功将不再是 W_0，而是

$$\begin{aligned} W = VF &= [V_0 - (\eta_1 + |\eta_2|)]F \\ &= W_0 - (\eta_1 + |\eta_2|)F \end{aligned} \tag{2-11}$$

因此，当原电池以可测量的速度输出电流时，原电池中氧化还原反应的化学能不能全部转变为电能。W_0 叫作最大有用功。原电池的化学能转变为最大有用功，只有在反应速度为无穷小的可逆过程中才能实现。W 叫作实际有用功，它总是小于最大有用功。这就是说，在以有限速度进行的不可逆过程中，原电池中两个电极反应的化学能只有一部分转变为实际有用功，还有一部分——两个电极反应的过电位绝对值之和与电量的乘积——转变为不可利用的热能散失掉了。电流是单位时间内流过的电量，而电极表面上流过的电流密度是单位面积的电极表面上流过的电流。因此，式（2-11）的物理意义就是，当一个电极反应以不可逆的方式进行时，在单位时间内、单位面积的电极表面上，这个电极反应的化学能中转变为不可利用的热能而散失掉的能量（也就是单位面积的电极表面上以热能形式耗散的功率）为 ηI，因而式（2-11）就成为一个电极反应以不可逆的方式进行的特征。

在原电池中的溶液电阻（设为 R_{sol}）不可忽略的情况下，当原电池的回路中流过的电流为 I 时，原电池的端电压为

$$V = V_0 - (\eta_1 + |\eta_2| + R_{sol}I) \tag{2-12}$$

因此，在溶液中的欧姆电位降 $R_{sol}I$ 不可忽略的情况下，原电池工作时每产生 1mol 的物质变化所能做的实际有用功为

$$W = W_0 - (\eta_1 + |\eta_2| + R_{sol}I)F \tag{2-13}$$

无论是过电位 η_1 和 $|\eta_2|$ 的数值还是欧姆电位降 $R_{sol}I$ 的数值，都是随着电极反应速度（可以用电流密度 I 的绝对值表示）的增大而增大的。因此，电极反应过程偏离平衡状态越远（η 和 I 的绝对值越大），从化学能中能够得到的有用功部分就越小，以热能形式耗散的能量部分就越大。

如果将原电池的两端用一根电阻近似为零的导线相连，即将原电池短路，使其成为短路的原电池，此时原电池的端电压 $V=0$，则原电池对外界所做的实际有用功的功率（单位时间内所做的实际有用功，即 $P=W/t$，其中 t 为时间，t 的单位为 s）为

$$P = VI = 0 \tag{2-14}$$

此时，在原电池中进行的氧化还原反应释放出来的化学能全部以热能的形式耗散。这种情况是原电池中不可逆过程所能达到的偏离平衡状态的最大限度。因此，短路的原电池不做电功。如果原电池的定义是将化学能直接转变为电能的装置，那么短路的原电池就不应该再被看作原电池，而只能被看作一个进行氧化还原反应的装置。

在电极表面进行阳极反应的电极叫作阳极，在电极表面进行阴极反应的电极叫作阴极。在上述原电池中，M_1 是阳极，M_2 是阴极。如果在电极 M_1 上进行的是第一类金属电极反应，即

$$M_1 \rightarrow M_1^{n+} + ne \tag{2-15}$$

则在这个原电池中进行的氧化还原反应将是

$$M_1 + O_{M2} \rightarrow M_1^{n+} + R_{M2} \tag{2-16}$$

这个原电池不能提供有用功，只是一个进行式（2-16）那样的氧化还原反应的装置。当这个原电池工作时，在电极 M_1 上进行的阳极反应的结果是电极材料 M_1 从固体的金属状态转变为溶液中的离子状态 M_1^{n+}。也就是说，金属材料 M_1 在原电池的作用下不断遭到破坏。这是一个典型的腐蚀反应，进行这种腐蚀反应的短路的原电池就叫作腐蚀原电池。因此，腐蚀原电池的定义是，只能导致金属材料被破坏而不能对外界做有用功的短路的原电池。

在腐蚀原电池的定义中应该包括它是不能对外界做有用功的短路的原电池这个特点。这是因为：实际上有一些原电池，尽管其中氧化还原反应的结果也会导致作为电极材料的金属发生状态改变，从固体的金属状态转变为溶液中的离子状态，但是由于它们可以对外界做有用功，因此不能把它们叫作腐蚀原电池。例如，虽然常用的干电池中阳极反应的结果是锌从金属状态转变为溶液中的离子状态，但由于电池在反应过程中可以对外界做有用功，因此不能把它叫作腐蚀原电池。

腐蚀原电池工作的基本过程必须包括以下三个方面。

（1）阳极过程。金属进行阳极溶解，以离子形式进入溶液，同时将等当量的电子留在金属表面：

$$[ne\cdot M^{n+}] \rightarrow M^{n+} + [ne] \tag{2-17}$$

（2）阴极过程。溶液中的氧化剂吸收电极上过剩的电子，自身被还原：

$$O + [ne] \rightarrow R \tag{2-18}$$

（3）上述阳极过程、阴极过程是在同一块金属上或在直接接触的不同金属上进行的，并且在金属回路中有电流流动。

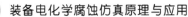

腐蚀原电池的形成过程如图 2-2 所示。该过程中包含三个基本组分：电子导体（金属电极）、离子导体（电解液）及耦合的电化学反应（阳极反应和阴极反应）。以金属铁（Fe）为例，在静态的腐蚀介质中，处于自然状态的 Fe 发生电化学反应后，失去电子成为 Fe^{2+}，在浓度梯度的作用下 Fe^{2+}从 Fe 表面向介质内部扩散，最终和介质中其他带电粒子一样，在介质内部达到浓度平衡。当 Fe 与其他不同腐蚀电位的金属接触时，二者将发生耦合：电位低的金属作为阳极，主要发生阳极溶解反应，腐蚀加剧；电位高的金属作为阴极，主要发生阴极还原反应，腐蚀减缓。阴极与阳极之间的电位差导致电解质溶液中腐蚀电场的形成，带电粒子在电场的作用下发生定向的电迁移。

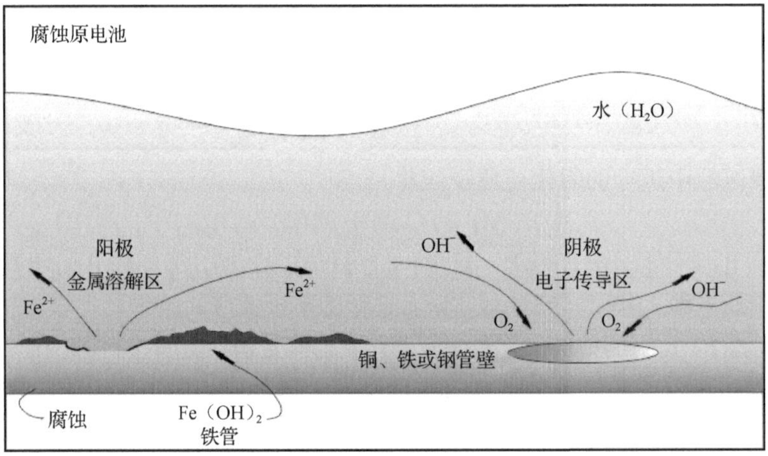

图 2-2　腐蚀原电池的形成过程

2.2 单电极体系电极反应动力学

只有一个电极反应（但进行着正、反向反应）存在的电极体系叫作单电极体系。本节主要探讨单电极体系的电极反应速度。

电极反应发生在电极表面，即电极材料相和溶液相这两相之间的界面上，具有复相反应的特点。一个复相反应通常包含三个主要的接续过程：①反应物由相的内部向相界反应区传输；②在相界反应区，反应物进行反应而生成反应产物；③反应产物离开相界反应区。电极反应流程如图 2-3 所示。

第 1 个和第 3 个过程都是物质在一个相中的传输过程，故可以合起来统称为传质过程。它们并非在所有情况下都存在。例如，在纯金属的阳极溶解过程中，一般不存在第 1 个过程；如果反应产物是沉积在电极表面上的固体，就不存在第 3 个过程。但总体来说，完成一个电极反应，总是必须经过相内的传质过程和相界反应区的反应过程两大类过程。相界反应区的反应过程，即上述第2个过程是主要的过程，而且它往往不是一个简单的过程，而是由吸附、电子转移、前置化学反应和后置化学反应、脱附等一系列步骤构成的复杂过程。其中，电子转移是最主要的步骤，因为任何一个电极反应的进行都必须经过这个步骤。其他步骤则视电极反应及其条件的不同，可能存在，也可能不存在。但就一般情况来说，一个电极反应的进行总要经过一系列互相接续的、串联的步骤。在定常态条件下，各个串联的步骤进行的速度都一样，等于整个电极反应过程的速度。因此，在定常态条件下，如果各个串联的步骤中有一个步骤在进行时受到的阻力最大、进行最困难，那么其他各个步骤进行的速度（整个电极反应过程的速度）将由这个步骤进行的速度来决定。这个进行时受到的阻力最大、进行最困难的步骤就叫作速度控制步骤，简称控制步骤。例如，在相界反应区的反应过程很容易进行，反应产物离开电极表面的传质过程也很容易进行，则只要反应物从溶液深处传输到电极表面，就可以进行反应而形成反应产物离开电极表面，整个电极反应过程的速度就取决于反应物从溶液深处传输到电极表面的传质过程的速度。这个传质过程就是这个电极反应过程的控制步骤。

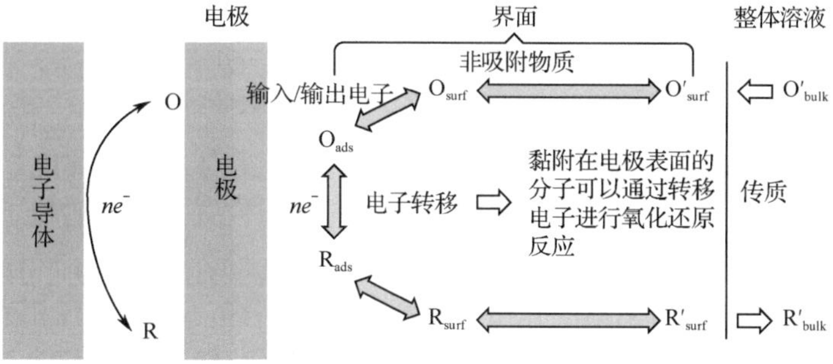

图 2-3 电极反应流程

1. 电极表面放电步骤控制

首先，讨论电极反应过程的速度由带电粒子穿越双电层而实现电子转移的步骤所控制的情况。前文已经介绍过，这个步骤是电极反应过程的主要步骤。在许多情况下，尤其是在溶液与电极之间的相对运动速度比较大，因而传质过程比较容易进行的情况下，整个电极反应过程的速度往往由带电粒子穿越双电层而实现电子转移的步骤来控制。这个步骤就叫作电极表面放电步骤，简称放电步骤。

由化学动力学知识可知，对于一个单分子反应，即

$$A \underset{\overleftarrow{v}}{\overset{\vec{v}}{\rightleftharpoons}} B \tag{2-19}$$

反应自左向右进行的速度，即顺反应的速度是

$$\vec{v} = \vec{k}_c c_A \tag{2-20}$$

反应自右向左进行的速度，即逆反应的速度是

$$\overleftarrow{v} = \overleftarrow{k}_c c_B \tag{2-21}$$

式中，$\vec{v}$、$\overleftarrow{v}$ 的单位均为 $mol \cdot cm^{-3} \cdot s^{-1}$；$c_A$、$c_B$ 分别是 A 和 B 的摩尔浓度，在这里其单位均为 $mol \cdot cm^{-3}$；$\vec{k}_c$、$\overleftarrow{k}_c$ 分别是顺反应和逆反应的化学反应速度常数，其单位均为 s^{-1}。为了区别于下文中的电极反应速度常数，加下标“c”表示它们是化学反应速度常数。顺反应和逆反应的化学反应速度常数分别可表示为

$$\vec{k}_c = \frac{kT}{h}\exp\left(-\frac{\Delta G^*_{A\to B}}{RT}\right) \tag{2-22}$$

$$\overleftarrow{k}_c = \frac{kT}{h}\exp\left(-\frac{\Delta G^*_{B\to A}}{RT}\right) \tag{2-23}$$

式中，k 是玻耳兹曼（Boltzmann）常量，它等于气体常数 R 除以阿伏伽德罗（Avogadro）常量 N，即

$$k = \frac{R}{N} = 1.381 \times 10^{-23}\ J \cdot K^{-1} \tag{2-24}$$

h 是普朗克（Planck）常量，它等于每个量子的能量，即

$$h = 6.626 \times 10^{-34} J \cdot s \tag{2-25}$$

$\Delta G^*_{A\to B}$、$\Delta G^*_{B\to A}$ 分别是从 A 变为 B 的活化能和从 B 变为 A 的活化能。当 A 越过相界反应区变为 B 时，先要激发成为处于两相之间某一位置上的活化粒子 X。若 X 在相界反应区中到相 I 的距离为 x_1、到相 II 的距离为 x_2 处，则 $l = x_1 + x_2$，l 为相界反应区的宽度。X 同 A 的自由焓的差值就是$\Delta G^*_{A\to B}$。同样，当 B 越过相界反应区变为 A 时，也要先激发成为处于两相之间某一位置上的活化粒子 X。这个过程的活化能 $\Delta G^*_{B\to A}$ 就是 B 同 X 的自由焓的差值。

如果 B 是溶液中带有 n 个正电荷的金属离子，A 是单位面积的电极表面上的金属原子，则相界反应区为双电层。如果双电层中电场强度是均匀的，则其大小是

$$\varepsilon = \frac{\Phi}{l} \tag{2-26}$$

当 1mol 带有电量 nF 的 B（它现在是带有 n 个正电荷的金属离子）变为活化粒子 X 时，除了需要活化能$\Delta G^*_{B\to A}$，还要克服电场力做功，所做的功为 $nF\varepsilon x_2$。因此，从 B 变为 X 的自由焓变化为

$$\Delta \overline{G}^*_{B\to A} = \Delta G^*_{B\to A} + nF\varepsilon x_2 \tag{2-27}$$

同理，由于双电层中电场的影响，从 A 变为 X 的自由焓变化为

$$\Delta \overline{G}^*_{A\to B} = \Delta G^*_{A\to B} - nF\varepsilon x_1 \tag{2-28}$$

根据式（2-26），有

$$\varepsilon x_1 = \frac{x_1}{l}\Phi\text{，}\quad \varepsilon x_2 = \frac{x_2}{l}\Phi \tag{2-29}$$

令

$$\alpha = \frac{x_1}{l} = \frac{x_1}{x_1 + x_2} \tag{2-30}$$

$$1-\alpha = \frac{x_2}{l} = \frac{x_2}{x_1 + x_2} \tag{2-31}$$

则有

$$\varepsilon x_1 = \alpha\Phi \tag{2-32}$$

$$\varepsilon x_2 = (1-\alpha)\Phi \tag{2-33}$$

由此可得到电极反应速度常数：

$$\vec{k}_{\mathrm{a}} = \frac{kT}{h}\exp\left(-\frac{\Delta G^*_{\mathrm{A}\to\mathrm{B}} - \alpha nF\Phi}{RT}\right) = \vec{k}_{\mathrm{c}}\exp\left(\frac{\alpha nF\Phi}{RT}\right) \tag{2-34}$$

$$\overleftarrow{k}_{\mathrm{a}} = \frac{kT}{h}\exp\left(-\frac{\Delta G^*_{\mathrm{B}\to\mathrm{A}} + (1-\alpha)nF\Phi}{RT}\right) = \overleftarrow{k}_{\mathrm{c}}\exp\left(-\frac{(1-\alpha)nF\Phi}{RT}\right) \tag{2-35}$$

电极反应速度为

$$\vec{v} = \vec{k}_{\mathrm{a}} c_{\mathrm{A}} \tag{2-36}$$

$$\overleftarrow{v} = \overleftarrow{k}_{\mathrm{a}} c_{\mathrm{B}} \tag{2-37}$$

在 A 是单位面积的电极表面上的金属原子的情况下，c_{A} 取单位值。如果 $\vec{v}$ 和 $\overleftarrow{v}$ 是指单位面积的电极表面上的反应速度，以 $\vec{I}$ 表示阳极反应的电流密度值，以 $\overleftarrow{I}$ 表示阴极反应的电流密度绝对值，则它们之间的关系是

$$\vec{I} = nF\vec{v} \tag{2-38}$$

$$\overleftarrow{I} = nF\overleftarrow{v} \tag{2-39}$$

在普遍情况下，以 c_{R} 代替 c_{A} 表示电极反应中还原体的浓度，以 c_{O} 代替 c_{B} 表示电极反应中氧化体的浓度，于是一个电极反应的阳极反应的电流密度值和阴极反应的电流密度绝对值可以分别表示为

$$\vec{I} = nF\vec{k}_{\mathrm{c}} c_{\mathrm{R}}\exp\left(\frac{\alpha nF\Phi}{RT}\right) \tag{2-40}$$

$$\overleftarrow{I} = nF\overleftarrow{k}_{\mathrm{c}} c_{\mathrm{O}}\exp\left(-\frac{(1-\alpha)nF\Phi}{RT}\right) \tag{2-41}$$

电极的外测电流密度是阳极反应的电流密度值与阴极反应的电流密度绝对值的差值，即

$$I = \vec{I} - \overleftarrow{I} \tag{2-42}$$

当电极反应处于平衡状态时，电极反应向两个方向进行的速度相等，此时的反应速度叫作交换反应速度。向两个方向进行的阳极反应和阴极反应的电流密度绝对值叫作交换电流密度，用 I_0 表示。因此，当电极反应处于平衡状态，即 $\Phi = \Phi_e$ 时，有

$$\vec{I} = \overleftarrow{I} = I_0 \tag{2-43}$$

因此，有

$$I_0 = nF\vec{k}_c c_R \exp\left(\frac{\alpha nF\Phi_e}{RT}\right) = nF\overleftarrow{k}_c c_O \exp\left(-\frac{(1-\alpha)nF\Phi_e}{RT}\right) \tag{2-44}$$

将式（2-44）代入式（2-40）和式（2-41），可得

$$\vec{I} = I_0 \exp\left(\frac{\alpha nF(\Phi - \Phi_e)}{RT}\right) = I_0 \exp\left(\frac{\alpha nF\eta}{RT}\right) \tag{2-45}$$

$$\overleftarrow{I} = I_0 \exp\left(-\frac{(1-\alpha)nF(\Phi - \Phi_e)}{RT}\right) = I_0 \exp\left(-\frac{(1-\alpha)nF\eta}{RT}\right) \tag{2-46}$$

式中，η是电极反应的过电位，可表示为

$$\eta = \Phi - \Phi_e = E - E_e \tag{2-47}$$

可以将用绝对电位Φ表示的式（2-40）和式（2-41）改写为用电极电位 E 表示的电极反应动力学式，即

$$\vec{I} = nF\vec{k}c_R \exp\left(\frac{\alpha nFE}{RT}\right) \tag{2-48}$$

$$\overleftarrow{I} = nF\overleftarrow{k}c_O \exp\left(-\frac{(1-\alpha)nFE}{RT}\right) \tag{2-49}$$

式中，$\vec{k}$ 和 $\overleftarrow{k}$ 是反应速度常数，它们与 $\vec{k}_c$ 和 $\overleftarrow{k}_c$ 的关系是

$$\vec{k} = \vec{k}_c \exp\left(\frac{\alpha nF(\Phi_e - E_e)}{RT}\right) \tag{2-50}$$

$$\overleftarrow{k} = \overleftarrow{k}_c \exp\left(-\frac{(1-\alpha)nF(\Phi_e - E_e)}{RT}\right) \tag{2-51}$$

由于电极电位 E 和过电位η的数值都是可以测量的，因此通常用式（2-45）、式（2-46）或式（2-48）、式（2-49）表示一个电极反应放电步骤的动力学关系。

根据 $E = E_e$ 时 $\vec{I} = \overleftarrow{I}$ 的关系，由式（2-50）和式（2-51）易得

$$E_e = \frac{RT}{nF}\ln\frac{\overleftarrow{k}}{\vec{k}} + \frac{RT}{nF}\ln\frac{c_O}{c_R} \tag{2-52}$$

对比能斯特（Nernst）方程可得

$$E^0 = \frac{RT}{nF}\ln\frac{\overleftarrow{k}}{\vec{k}} \tag{2-53}$$

式中，E^0是该电极反应的标准电位。

以上各式中都假定c_O和c_R不随电极电位的变化而变化，无论是在$E=E_e$时，还是在E偏离E_e时，都用同样的c_O和c_R。这就意味着，在电极附近的溶液层中参与电极反应的反应物刚被消耗掉，就可以立即从溶液深处得到补充，而电极反应的产物则可以立即传输出去，但实际情况往往不是这样的。另外，在上面的讨论中还假定电极表面是均匀的，在全部电极表面上都以同样的速度进行电极反应，但实际情况往往也不是这样的。因此，往往需要对上述与浓度相关的公式进行适当的修改。但是目前的讨论暂时还不涉及这些问题，可以近似地认为在整个测量的电位区间内，c_O和c_R及电极表面状况没有显著的变化，因而可以用上述各式来表示电极反应速度。这在整个电极反应过程的速度仅由带电粒子穿越双电层而实现电子转移的步骤来控制的情况下是适用的。在这种情况下，过电位η是由带电粒子穿越双电层放电，即在电极表面进行电极反应的步骤而引起的，所以把这种过电位称为放电步骤过电位或电化学过电位。在一些文献中，把α或$1-\alpha$称为传递系数（Transfer Coefficient）。但我们知道，α表示活化粒子在双电层中的相对位置。当活化粒子正好位于双电层的中间，即$x_1=x_2$时，$\alpha=0.5$。如果活化粒子的位置偏离双电层的中间位置，α的数值也就偏离0.5。因此，α有时也被称为对称系数。

如果以I表示电极系统的外测电流密度，并且已约定η与I同号（当$\eta>0$时$I>0$，电极系统的外测电流是阳极电流；当$\eta<0$时$I<0$，电极系统的外测电流是阴极电流），则电极系统的外测电流密度与过电位之间的关系可以表示为

$$I=I_0\left[\exp\left(\frac{\alpha nF}{RT}\eta\right)-\exp\left(-\frac{(1-\alpha)nF}{RT}\eta\right)\right] \tag{2-54}$$

I与η之间的关系曲线叫作过电位曲线，I与E之间的关系曲线叫作极化曲线。

过电位曲线在原点处的斜率是一个重要的电化学参数。当电极反应处于平衡状态时，外测电流为零。如果通以稳定的外电流使电极电位稍稍偏离平衡值，则这个微小过电位η同对应于这一过电位的外测电流密度的比值与I_0成反比，称为法拉第电阻R_F。由式（2-54）可以求得一个电极反应的法拉第电阻为

$$R_F=\left(\frac{\partial\eta}{\partial I}\right)_{\eta=0}=\frac{1}{I_0}\frac{RT}{nF} \tag{2-55}$$

因此，一个电极系统中电极反应的交换电流密度I_0越大，相应的法拉第电阻就越小，这个电极系统就越接近不极化电极。相反，I_0越小，电极系统就越容易极化，电极反应平衡状态的稳定性就越差。

在$\left|\frac{\alpha nF}{RT}\eta\right|$和$\left|\frac{(1-\alpha)nF}{RT}\eta\right|$远小于1的情况下，将式（2-54）等号右边的指数项展开可得

$$\eta = \frac{RT}{I_0 nF} I = R_F I \tag{2-56}$$

因此，在过电位η 很小的条件下，过电位η与外测电流密度之间呈线性关系，其形式就像欧姆定律一样。但是，这只是在上述限制条件下的情况。随着η 的增大，指数项展开式中的高次项变得不可忽略，过电位曲线会越来越偏离直线。

在$|\eta|$比较大，以至于

$$\left|\frac{\alpha nF}{RT}\eta\right| \gg 1$$

$$\left|\frac{(1-\alpha)nF}{RT}\eta\right| \gg 1$$

的情况下，在式（2-54）的两个指数项中，必然有一个指数项的数值很大而另一个指数项的数值很小，以至于数值小的那个指数项可以忽略不计。假设 $n = 1$，当$\eta \geqslant 120\text{mV}$时，式（2-54）中第二个指数项可以忽略不计。此时得到的外测电流密度 I 是正值，外测电流是阳极电流，式（2-54）可以表示为

$$I = I_0 \exp\left(\frac{\alpha nF}{RT}\eta\right) \tag{2-57}$$

或

$$\eta = \frac{RT}{\alpha nF}\ln I - \frac{RT}{\alpha nF}\ln I_0 \tag{2-58}$$

也可将自然对数变换为以 10 为底数的常用对数，即

$$\eta = \frac{2.303RT}{\alpha nF}\lg I - \frac{2.303RT}{\alpha nF}\lg I_0 \tag{2-59}$$

当$\eta < -120\text{mV}$ 时，式（2-54）中第一个指数项可以忽略不计，此时电极系统的外测电流是阴极电流，是负值，其绝对值为

$$|I| = I_0 \exp\left(-\frac{(1-\alpha)nF}{RT}\eta\right) \tag{2-60}$$

或

$$\eta = -\frac{RT}{(1-\alpha)nF}\ln|I| + \frac{RT}{(1-\alpha)nF}\ln I_0 \tag{2-61}$$

也可将自然对数变换为以 10 为底数的常用对数，即

$$\eta = -\frac{2.303RT}{(1-\alpha)nF}\lg|I| + \frac{2.303RT}{(1-\alpha)nF}\lg I_0 \tag{2-62}$$

因此，在$|\eta|$相当大的情况下，η 与外测电流密度绝对值的对数之间呈线性关系，这个结论最早是从实验中得到的。实验得到的经验式一般写成如下形式：

$$\eta = a \pm b\lg|I| \tag{2-63}$$

加号对应阳极过电位，减号对应阴极过电位。式（2-63）常被称为 Tafel 公式。在η-lg|I|坐标系中做的过电位曲线的直线部分叫作 Tafel 直线段，而 b 叫作 Tafel 斜率或 Tafel 系数。在本书中，经常以自然对数的形式来表示 Tafel 公式，即

$$\eta = a' \pm \beta \ln|I| \tag{2-64}$$

式中，系数β 叫作自然对数 Tafel 斜率，为了简便起见，也叫作 Tafel 斜率，β和 b 的关系是 $b = 2.303\beta$ 。

如果将 Tafel 直线段延长到$\eta = 0$ 处，相应的 ln|I| 或 lg|I| 的数值就等于 ln|I_0| 或 lg|I_0| 的数值。这也是求电极反应的交换电流密度的一个方法。

因此，对于一个控制步骤是带电粒子穿越双电层放电的电极反应来说，主要的动力学参数是交换电流密度 I_0 和 Tafel 斜率 b 或β。前者反映电极反应的难易程度，后者反映改变双电层的电场强度对反应速度的影响。

2. 溶液中的扩散过程控制

在进行电极反应时，如果反应物是溶液中的某一组分，那么随着它在电极反应过程中的不断消耗，必须将它不断从溶液深处传输到电极表面的溶液层中，只有这样才能保证电极反应不断进行下去。同样，在多数情况下，电极反应的产物也要不断通过传质过程离开电极表面。总之，随着电极反应的进行，在溶液中不可避免地有传质过程同时进行。

溶液中的传质过程可以依靠三种过程进行，即扩散、电迁移和液体对流。本节主要讨论扩散过程。扩散过程是指某一物质的浓度存在差异导致其从浓度高的区域向浓度低的区域传输的传质过程。本节简单地讨论一下这个过程对电极反应动力学规律的影响。本节的讨论只限于一维的、定常态的扩散过程。所谓一维的扩散过程，是指在表示空间位置的三维直角坐标系中，物质 j 的浓度只在一个坐标轴（x 轴）方向有变化，对应于每个 x 值，在 y 轴和 z 轴方向的浓度是均匀的，构成等浓度面。扩散过程只沿着 x 轴方向、穿过无限多个等浓度面进行。也就是说，只在一个坐标轴方向存在浓度梯度。浓度梯度是指空间位置改变单位值时浓度的变化量。例如，沿着 x 轴方向在 x_0 处的浓度梯度就是 $(\mathrm{d}c_j/\mathrm{d}x)_{x=x_0}$ 。

如果各处的浓度 c_j 不随时间变化，各处的浓度梯度也就不随时间变化。这种扩散过程就是定常态的扩散过程。相反，如果随着扩散过程的进行，各处的浓度梯度不断随时间变化，这种扩散过程就是非定常态的扩散过程。处理非定常态的扩散过程涉及菲克（Fick）第二定律。本节只讨论比较简单的定常态的扩散过程。

如果取 x 轴向右的方向为正，则在浓度梯度 $\mathrm{d}c_j/\mathrm{d}x > 0$ 时，表示物质 j 的浓度是随着 x 的增大而增大的，此时浓度梯度的方向与 x 轴的正方向相同，指向右。由于扩散过程中物质是从浓度高的区域向浓度低的区域传输的，因此在 $\mathrm{d}c_j/\mathrm{d}x > 0$ 的情况下，物质 j 是沿着 x 轴方向从右向左扩散的，扩散方向正好同浓度梯度的方向相反。

如果在 x_0 处有一个等浓度面 A，在 x_0 处的浓度梯度为 $(\mathrm{d}c_j/\mathrm{d}x)_{x=x_0}$，单位时间内通过单位面积的等浓度面 A 扩散的物质 j 的物质的量（扩散速度）是 $(\mathrm{d}m_j/\mathrm{d}t)_{x=x_0}$，那么在这两者之间存在一个关系式，这就是菲克第一定律：

$$\frac{\mathrm{d}m_j}{\mathrm{d}t}=-D_j\frac{\mathrm{d}c_j}{\mathrm{d}x} \tag{2-65}$$

式中，负号表示扩散方向同浓度梯度的方向相反；D_j 是物质 j 在溶液中的扩散系数。如果扩散速度 $\mathrm{d}m_j/\mathrm{d}t$ 的单位是 $\mathrm{mol\cdot cm^{-2}\cdot s^{-1}}$，浓度梯度 $\mathrm{d}c_j/\mathrm{d}x$ 的单位是 $\mathrm{mol\cdot cm^{-4}}$，则扩散系数 D_j 的单位是 $\mathrm{cm^2\cdot s^{-1}}$。扩散系数的大小取决于扩散物质的粒子半径、溶液的黏度系数和热力学温度（又称绝对温度）。在同样的温度条件下，扩散物质的粒子半径越大，溶液的黏度系数越大，扩散系数就越小。上述关系可表示为

$$D_j=\frac{kT}{6\pi r_j\eta_{黏}} \tag{2-66}$$

式中，k 是玻耳兹曼常量；T 是热力学温度；r_j 是扩散物质 j 的粒子半径；$\eta_{黏}$是溶液的黏度系数。

在定常态条件下，扩散途径中每个点上的扩散速度都应相等。也就是说，沿着 x 轴方向，在各个瞬间自右方扩散进来的物质 j 的摩尔数应与向左方扩散出去的物质 j 的摩尔数相等。因为只有这样才能保持各个平面的浓度不随时间变化而处于定常态。如果扩散系数 D_j 是不随 x 变化的常数，那么要得到沿着 x 轴方向的各个点上的扩散速度 $\mathrm{d}m_j/\mathrm{d}t$ 都一样的结果，就必须要求浓度梯度是不随 x 变化的定值。这就意味着物质 j 的浓度 c_j 是随着 x 线性变化的。若扩散发生在 $x=0$ 至 $x=l$ 的区间内，且扩散过程是这个区间内唯一的传质过程，则在定常态条件下，物质 j 的浓度 c_j 随着 x 变化的曲线是一条倾斜的直线。这条直线的斜率就是浓度梯度。若在 $x=0$ 处物质 j 的浓度为 $c_{j\,(\mathrm{s})}$，在 $x=l$ 处物质 j 的浓度为 $c_{j\,(\mathrm{b})}$，则在这个区间内物质 j 的浓度梯度为

$$\frac{\mathrm{d}c_j}{\mathrm{d}x}=\tan\theta=\frac{c_{j(\mathrm{b})}-c_{j(\mathrm{s})}}{l} \tag{2-67}$$

当溶液中某一物质在电极表面被阴极还原时，紧靠电极表面的溶液层中这一物质的浓度由于电极反应的消耗而低于其在溶液整体中的浓度，于是这一物质就会不断从溶液深处向电极表面扩散，以弥补它在电极反应中的消耗。如果溶液的体积相当大，电极反应过程引起的这一物质在溶液整体中的浓度变化很小，就可以近似地认为这一物质在溶液深处的浓度不变。另外，由于溶液的搅拌或自然对流作用，还可以认为这一物质在溶液深处的浓度是均匀的。但在靠近电极表面处有一层厚度为 l 的滞流层（Stagnant Layer）。滞流层的厚度与溶液的搅拌情况有关。一般来说，搅拌越强烈，l 越小。在室温下，在没有搅拌而只有溶液的自然对流的情况下，达到定常态时 l 约为 10^{-2}cm。由于扩散过程在滞流层中进行，因此有不少文献把这一层称为扩散层。同时也有一些电化学文献把双电层结构中紧密层外靠近溶液的分散层称为

扩散层。为了避免混淆，本书中在讨论扩散问题时，不采用扩散层而采用滞流层的名称。

在定常态条件下，物质在滞流层中的浓度梯度就等于物质在滞流层外侧溶液深处的浓度（物质在溶液整体中的浓度 c_b）与其在电极表面处浓度 c_s 的差值除以滞流层的厚度 l，即

$$\frac{dc}{dx}=\frac{c_b-c_s}{l} \tag{2-68}$$

由于处于定常态，因此物质从溶液深处通过滞流层扩散到电极表面的扩散速度应该等于它在电极表面被阴极还原的速度，否则就不能保持定常态。如果以 $|I|$ 表示阴极还原反应的电流密度绝对值，以 m 表示通过单位面积扩散到电极表面而被还原的物质的摩尔数，则由于 1mol 的物质被还原的电量为 nF，因此有

$$\frac{dm}{dt}=\frac{-|I|}{nF} \tag{2-69}$$

式中，负号表示阴极电流的方向取负值。由式（2-65）、式（2-68）和式（2-69），可得

$$|I|=nFD\frac{c_b-c_s}{l} \tag{2-70}$$

如果阴极还原反应的电流密度绝对值 $|I|$ 增大，为了保持定常态，扩散速度就必须相应地增大。在 c_b 和 l 不变的情况下，只有 c_s 减小从而使物质在滞流层中的浓度梯度增大，才能使扩散速度增大。在 c_b 和 l 不变的情况下，物质在滞流层中的浓度梯度在 $c_s=0$ 时达到最大值，即对应如下情形：被还原的物质刚一扩散到电极表面，立即就被阴极还原，因而 $c_s=0$。与之对应的阴极电流密度叫作极限扩散电流密度，以 I_L 表示极限扩散电流密度绝对值，即

$$I_L=nFD\frac{c_b}{l} \tag{2-71}$$

下面考虑两种电极反应过程的情况。

（1）电极反应的交换电流密度很大，即使在有外测阴极电流时，仍可近似地认为电极反应处于平衡状态，因而电极电位是被还原的物质在紧靠电极表面处的浓度 c_s 下的可逆电位。在没有外测阴极电流时，电极电位是平衡电位，被还原的物质在电极表面附近的浓度与其在溶液深处的浓度相等。按 Nernst 方程，此时的电极电位为

$$E_1=E^0+\frac{RT}{nF}\ln c_b \tag{2-72}$$

在外测阴极电流密度绝对值为 $|I|$ 时，被还原的物质在电极表面附近的浓度为 c_s，在电极电位对浓度 c_s 可逆的情况下，电极电位为

$$E_2=E^0+\frac{RT}{nF}\ln c_s \tag{2-73}$$

电极的极化值，即这一阴极反应的扩散过电位（习惯上也称为浓度极化值）为

$$\eta_D = E_2 - E_1 = \frac{RT}{nF}\ln\frac{c_s}{c_b} \tag{2-74}$$

注意：由于 $c_s < c_b$，因此 η_D 是负值。由式（2-70）和式（2-71）可以求得

$$\frac{c_s}{c_b} = 1 - \frac{|I|}{I_L} \tag{2-75}$$

因此，在这种情况下，扩散过电位为

$$\eta_D = \frac{RT}{nF}\ln\left(1 - \frac{|I|}{I_L}\right) \tag{2-76}$$

因此，也可以把电极反应动力学式表示为

$$|I| = I_L\left[1 - \exp\left(-\frac{nF}{RT}|\eta_D|\right)\right] \tag{2-77}$$

目前讨论的情况就是，在整个阴极反应过程中，放电步骤很容易进行，这个步骤所引起的电化学过电位可以忽略不计；而扩散过程是整个电极反应过程的速度控制步骤，它所引起的过电位就是整个电极反应的过电位，因此整个阴极反应的动力学式就是式（2-77）。

（2）电极反应是不可逆地进行的，即带电粒子穿越双电层的放电步骤不很容易进行，交换电流密度很小，在电极系统的外测电流密度绝对值为 $|I|$ 时，这个阴极还原反应的逆过程的速度可以小到忽略不计。扩散过程同时也是影响整个电极反应过程速度的步骤之一，在定常态条件下靠近电极表面的溶液层中反应物的浓度由 c_b 降为 c_s，此时阴极还原反应的电流密度绝对值应为

$$|I| = I_0\frac{c_s}{c_b}\exp\left(-\frac{\eta}{\beta_c}\right) \tag{2-78}$$

将式（2-75）代入式（2-78），可得

$$|I| = I_0\left(1 - \frac{|I|}{I_L}\right)\exp\left(-\frac{\eta}{\beta_c}\right) \tag{2-79}$$

整理后得

$$|I| = \frac{I_0\exp\left(-\dfrac{\eta}{\beta_c}\right)}{1 + \dfrac{I_0}{I_L}\exp\left(-\dfrac{\eta}{\beta_c}\right)} \tag{2-80}$$

或者也可以写为

$$\eta = -|\eta| = \beta_c\ln\left(1 - \frac{|I|}{I_L}\right) - \beta_c\ln\frac{|I|}{I_0} \tag{2-81}$$

式（2-81）等式右侧的第一项为负值，且第二项为电极体系在放电步骤控制时的阴极过电位。这说明，在混合控制条件下，过电位绝对值进一步增大，即电极的极化更严重。

总结以上讨论的两种情况，可以看到在电极反应可逆的情况下和在电极反应不可逆的情况下所得到的结果是不同的。

式（2-80）有两种极端情况。

第一种极端情况：

$$\frac{I_0}{I_L}\exp\left(-\frac{\eta}{\beta_c}\right) \ll 1 \qquad (2\text{-}82)$$

由于η是负值，因此这种极端情况相当于$|\eta|$很小且$I_L \gg I_0$，即阴极过电位绝对值很小且极限扩散电流密度绝对值远大于阴极反应的交换电流密度。此时式（2-80）可以近似地写为

$$|I| = I_0\exp\left(-\frac{\eta}{\beta_c}\right) \qquad (2\text{-}83)$$

这就是放电步骤是电极反应过程的控制步骤的情况。

第二种极端情况：

$$\frac{I_0}{I_L}\exp\left(-\frac{\eta}{\beta_c}\right) \gg 1 \qquad (2\text{-}84)$$

这种极端情况相当于I_L不很大且阴极过电位绝对值$|\eta|$比较大的情况。此时式（2-80）可以近似地写为

$$|I| = I_L \qquad (2\text{-}85)$$

这就是阴极还原反应过程的速度完全由扩散过程的速度所控制的情况。此时，$c_s=0$，阴极电流密度绝对值的大小不再与阴极过电位绝对值有关，而等于极限扩散电流密度绝对值。

如果I_L比I_0大得多，并且阴极过电位绝对值可以达到相当大的值而不会发生其他电极反应，则在半对数坐标系中，强极化区相当于第一种极端情况，即$\frac{I_0}{I_L}\exp\left(-\frac{\eta}{\beta_c}\right) \ll 1$。此时阴极过电位曲线符合 Tafel 公式，电极反应速度只受放电步骤控制。强极化区至极限电流密度区相当于放电步骤和扩散过程两者都对电极反应速度有影响的情况。此时阴极过电位曲线随着$|\eta|$的增大越来越偏离 Tafel 直线段，随着$|\eta|$的不断增大，扩散过程的影响越来越重要；当阴极电流密度绝对值等于极限扩散电流密度绝对值时，电极反应速度完全受扩散过程控制，$|\eta|$不再对阴极电流密度产生影响。

在I_L并不比I_0大很多的情况下，可能不出现 Tafel 直线段，也可能在I_L比较大的

情况下，在 $|\eta|$ 还没有大到足以使 $|I|$ 等于 I_L 时，就开始了另一个阴极反应。此时阴极电流密度绝对值将随着电极电位向负的方向变化而进一步增大。

2.3 金属腐蚀速度方程

本节讨论一个腐蚀金属电极的腐蚀电位的数学表达式，以及腐蚀金属电极在没有外加电流时的阳极反应与阴极反应的速度，即金属的腐蚀溶解速度，相应的电流密度叫作腐蚀电流密度。下面讨论的情形是金属仅发生活性阳极溶解，即金属表面不存在钝化膜，并且活性阳极溶解是在整个金属表面上均匀发生的（这个腐蚀过程叫作活性区的均匀腐蚀过程），这意味着阳极反应和阴极反应在金属表面所有点上进行的机会是大致相同的。因此，在均匀腐蚀的情况下，金属的阳极溶解反应和去极化剂的阴极还原反应都是宏观地在整个金属表面上均匀进行的。这就保证了在均匀腐蚀条件下，金属的阳极溶解反应的电流密度 I_a 等于去极化剂的阴极还原反应的电流密度绝对值$|I_c|$。

如果以 $E_{e,a}$、$E_{e,c}$ 分别表示金属的阳极溶解反应和去极化剂的阴极还原反应的平衡电位，E_{corr} 表示腐蚀电位，$I_{0,a}$、$I_{0,c}$ 分别表示金属的阳极溶解反应和去极化剂的阴极还原反应的交换电流密度，则在放电步骤是电极反应的控制步骤的情况下，有

$$I_a = I_{0,a}\left[\exp\left(\frac{E_{corr}-E_{e,a}}{\vec{\beta}_a}\right)-\exp\left(-\frac{E_{corr}-E_{e,a}}{\overleftarrow{\beta}_a}\right)\right] \tag{2-86}$$

$$|I_c| = -I_c = I_{0,c}\left[\exp\left(-\frac{E_{corr}-E_{e,c}}{\overleftarrow{\beta}_c}\right)-\exp\left(\frac{E_{corr}-E_{e,c}}{\vec{\beta}_c}\right)\right] \tag{2-87}$$

式中，

$$\vec{\beta}_j = \frac{RT}{n_j\alpha_j\mathrm{F}}，\quad \overleftarrow{\beta}_j = \frac{RT}{n_j(1-\alpha_j)\mathrm{F}}，\quad j = \mathrm{a}\ 或\ \mathrm{c}$$

式（2-86）与式（2-87）等式右侧的第一项内容分别对应金属的阳极溶解反应与去极化剂的阴极还原反应的正向反应速度，而第二项内容则分别对应金属的阳极溶解反应与去极化剂的阴极还原反应的逆向反应速度。

根据前面的说明，在均匀腐蚀过程中，$I_a = |I_c|$。下面考虑一种简单化的情况：

$$\vec{\beta}_a = \overleftarrow{\beta}_a = \vec{\beta}_c = \overleftarrow{\beta}_c = \beta \tag{2-88}$$

从这样一种简单化的条件出发，进行关于 $I_{0,a}$ 和 $I_{0,c}$ 对腐蚀电位 E_{corr} 的影响的定性讨论仍具有普遍意义。做出这样简单化的假设是为了便于进行数学处理，以便更容易看清 $I_{0,a}$ 和 $I_{0,c}$ 对 E_{corr} 的影响。

由于 $I_a = |I_c|$，因此由式（2-86）和式（2-87）可得

$$E_{\text{corr}}=\frac{\beta}{2}\ln\left[\frac{I_{0,\text{a}}\exp\left(\frac{E_{e,\text{a}}}{\beta}\right)+I_{0,\text{c}}\exp\left(\frac{E_{e,\text{c}}}{\beta}\right)}{I_{0,\text{a}}\exp\left(-\frac{E_{e,\text{a}}}{\beta}\right)+I_{0,\text{c}}\exp\left(-\frac{E_{e,\text{c}}}{\beta}\right)}\right] \tag{2-89}$$

由此可以看出，如果腐蚀过程的阳极反应的交换电流密度 $I_{0,\text{a}}$ 远大于阴极反应的交换电流密度 $I_{0,\text{c}}$（$I_{0,\text{a}}\gg I_{0,\text{c}}$），以至于 $I_{0,\text{c}}\exp\left(\frac{E_{e,\text{c}}}{\beta}\right)$ 和 $I_{0,\text{c}}\exp\left(-\frac{E_{e,\text{c}}}{\beta}\right)$ 可以忽略，就可得到 $E_{\text{corr}}\to E_{e,\text{a}}$。同样，如果 $I_{0,\text{c}}\gg I_{0,\text{a}}$，以至于 $I_{0,a}\exp\left(\frac{E_{e,\text{a}}}{\beta}\right)$ 和 $I_{0,\text{a}}\exp\left(-\frac{E_{e,\text{a}}}{\beta}\right)$ 可以忽略，就可得到 $E_{\text{corr}}\to E_{e,\text{c}}$。在一般情况下，$E_{e,\text{a}} < E_{\text{corr}} < E_{e,\text{c}}$，腐蚀电位 E_{corr} 的大小总是处于腐蚀过程的两个电极反应的平衡电位之间。现在我们可以看到两个电极反应的交换电流密度的相对大小对 E_{corr} 的影响：哪个电极反应的交换电流密度比较大，E_{corr} 就比较靠近哪个电极反应的平衡电位。由于 $E_{e,\text{c}}>E_{e,\text{a}}$，因此在 $I_{0,\text{c}}\gg I_{0,\text{a}}$ 的条件下，E_{corr} 比较高；而在 $I_{0,\text{a}}\gg I_{0,\text{c}}$ 的条件下，E_{corr} 比较低。

在实际的腐蚀过程中，大多数情况下腐蚀电位 E_{corr} 离金属的阳极溶解反应的平衡电位 $E_{e,\text{a}}$ 和去极化剂的阴极还原反应的平衡电位 $E_{e,\text{c}}$ 都比较远，以至于在腐蚀电位下 I_{a} 和 $|I_{\text{c}}|$ 可以分别表示为

$$I_{\text{a}}=I_{0,\text{a}}\exp\left(\frac{E_{\text{corr}}-E_{e,\text{a}}}{\beta_{\text{a}}}\right) \tag{2-90}$$

$$|I_{\text{c}}|=I_{0,\text{c}}\exp\left(\frac{E_{e,\text{c}}-E_{\text{corr}}}{\beta_{\text{c}}}\right) \tag{2-91}$$

而且有

$$I_{\text{a}}=|I_{\text{c}}|=I_{\text{corr}} \tag{2-92}$$

由以上三个等式消去 E_{corr}，就可以得到表示腐蚀速度的腐蚀电流密度 I_{corr} 的一个表达式，即

$$I_{\text{corr}}=I_{0,\text{a}}^{\frac{\beta_{\text{a}}}{\beta_{\text{a}}+\beta_{\text{c}}}}I_{0,\text{c}}^{\frac{\beta_{\text{c}}}{\beta_{\text{a}}+\beta_{\text{c}}}}\exp\left(\frac{E_{e,\text{c}}-E_{e,\text{a}}}{\beta_{\text{a}}+\beta_{\text{c}}}\right) \tag{2-93}$$

式（2-93）显示，决定活性区的均匀腐蚀电流密度 I_{corr} 大小的因素有三个。

（1）阳极反应和阴极反应的交换电流密度（分别是 $I_{0,\text{a}}$、$I_{0,\text{c}}$），它们是动力学参数。显然，$I_{0,\text{a}}$ 和 $I_{0,\text{c}}$ 越大，I_{corr} 就越大。

（2）阳极反应和阴极反应的 Tafel 斜率（分别是 β_{a}、β_{c}），它们也是动力学参数。它们对腐蚀电流密度 I_{corr} 的影响主要是通过 $\exp\left(\frac{E_{e,\text{c}}-E_{e,\text{a}}}{\beta_{\text{a}}+\beta_{\text{c}}}\right)$ 这个因子表现出来的。β_{a}

和β_c越大，I_{corr}就越小，即在腐蚀极化图中，阴极和阳极极化曲线的斜率越大，I_{corr}就越小。这很容易理解。另外，从腐蚀极化图中还可推出，当β_c不变时，β_a越小，腐蚀电位E_{corr}就越低（越接近$E_{e,a}$）。反过来，若β_a保持不变，则β_c越小，腐蚀电位E_{corr}就越高（越接近$E_{e,c}$）。因此，在活性区均匀腐蚀的情况下，是无法简单地根据腐蚀电位的高低来判断腐蚀速度的快慢的。

（3）腐蚀过程的阴极反应与阳极反应的平衡电位之差，即$E_{e,c}-E_{e,a}$，这是反映腐蚀反应的化学亲和势大小的热力学参数。在其他动力学参数相同或相近的条件下，$E_{e,c}-E_{e,a}$越大，腐蚀速度就越快。

如果腐蚀过程的阴极反应速度完全由去极化剂向金属表面的扩散过程控制，阴极反应的电流密度绝对值等于极限扩散电流密度绝对值I_L，问题就要简单得多。此时腐蚀电流密度就等于阴极反应的极限扩散电流密度绝对值，其他因素对腐蚀速度不产生影响，有

$$I_{corr}=I_L \tag{2-94}$$

但腐蚀电位E_{corr}仍与阳极反应的动力学参数和它的平衡电位$E_{e,a}$有关。这是因为根据式（2-94）有

$$I_{0,a}\exp\left(\frac{E_{corr}-E_{e,a}}{\beta_a}\right)=I_L=I_{corr} \tag{2-95}$$

因此可得

$$E_{corr}=E_{e,a}+\beta_a\ln\left(\frac{I_L}{I_{0,a}}\right) \tag{2-96}$$

如果阴极反应速度同时受到穿越双电层的放电步骤和由去极化剂向金属表面的扩散过程的影响，问题就要复杂些。此时，除了上面讨论过的三个因素，即$I_{0,a}$和$I_{0,c}$，β_a和β_c，以及$E_{e,c}-E_{e,a}$，阴极反应的极限扩散电流密度绝对值I_L也对腐蚀速度有影响。在这种情况下，根据式（2-96），腐蚀电流密度应为

$$I_{corr}=\frac{I_{0,c}\exp\left(\dfrac{E_{e,c}-E_{corr}}{\beta_c}\right)}{1+\dfrac{I_{0,c}}{I_L}\exp\left(\dfrac{E_{e,c}-E_{corr}}{\beta_c}\right)}=I_{0,a}\exp\left(\frac{E_{corr}-E_{e,a}}{\beta_a}\right) \tag{2-97}$$

消去式（2-97）中的E_{corr}可得

$$I_{corr}=\frac{I_{0,c}\exp\left(\dfrac{E_{e,c}-E_{e,a}}{\beta_c}\right)}{\left(\dfrac{I_{corr}}{I_{0,a}}\right)^{\frac{\beta_a}{\beta_c}}+\dfrac{I_{0,c}}{I_L}\exp\left(\dfrac{E_{e,c}-E_{e,a}}{\beta_c}\right)} \tag{2-98}$$

由式（2-98）可以看到，在阴极反应的极限扩散电流密度绝对值很大，以至于在 $I_L \gg I_{0,c}\exp\left(\dfrac{E_{e,c}-E_{e,a}}{\beta_c}\right)$ 的条件下，决定 I_{corr} 大小的是因子 $I_{0,c}\exp\left(\dfrac{E_{e,c}-E_{e,a}}{\beta_a+\beta_c}\right)$，这实际上相当于阴极反应的扩散过电位可以忽略的情况。电极反应的交换电流密度、Tafel斜率和腐蚀反应的化学亲和势这三个参数的影响情况同上面讨论过的一样。但在 $I_{0,c}\exp\left(\dfrac{E_{e,c}-E_{e,a}}{\beta_c}\right) > I_L$ 的情况下，I_L 的大小对腐蚀电流密度 I_{corr} 的大小就有重要的影响：I_L 越大，I_{corr} 就越大；I_L 越小，I_{corr} 就越小。在极端情况下，可得到 $I_L = I_{corr}$。因此，如果我们已知腐蚀过程的阳极反应和阴极反应的各项电化学参数，就可以估算出活性区的均匀腐蚀电流密度。

2.4 电化学腐蚀的控制方程

由电化学腐蚀的热力学和动力学特征可知，电化学腐蚀过程建模以非均相化学反应理论为基础。发生腐蚀的界面电化学反应包括氧化反应和还原反应，其中金属结构与电解液接触。氧化反应和还原反应发生在金属表面上的两个不同位置（称为位点），电子通过金属结构从氧化位点传导到还原位点。电解液中的电化学反应和离子运动引起的电流传输使电路闭合（见图 2-4）。其中，氧化反应发生在阳极区，即电解液中阴离子迁移的目标位置；还原反应发生在阴极区，即电解液中阳离子迁移的目标位置。

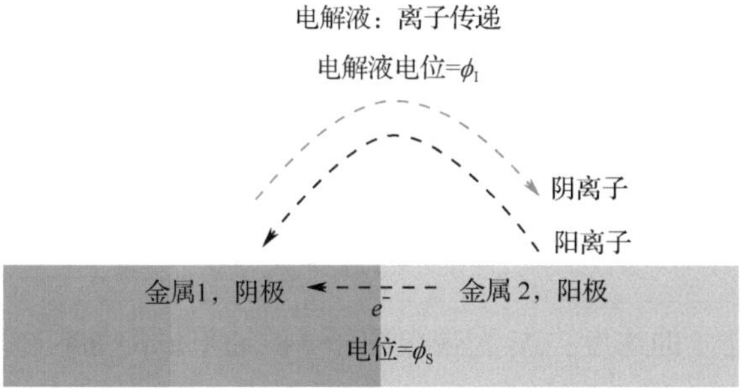

图 2-4 腐蚀原电池的建模示意图

决定一个位点是阳极区还是阴极区的主要因素是金属对电子的亲和力：对电子具有较高亲和力的金属将吸引电子，用作阴极；对电子具有较低亲和力的金属将失去电子并因此发生腐蚀。金属对电子的亲和力由反应的吉布斯自由能（ΔG）决定，由于其中涉及电子，因此 ΔG 会受到电位的影响。这一现象可由法拉第定律描述，将法拉第定律与吉布斯方程相结合，可得到电化学反应的 Nernst 方程。在电化学腐蚀过程中，常见的氧化反应（阳极区）为金属溶解，常见的还原反应（阴极区）为析氢反应或吸氧反应。

阳极反应和阴极反应的速度由阿伦尼乌斯定律确定，该定律表明反应速度与活化能之间呈指数关系。金属既可以用作阴极，也可以用作阳极，具体取决于其电位。当与较贵金属连接时，较便宜的金属用作阳极。将法拉第定律和阿伦尼乌斯定律相结合，可得到电化学反应的 Butler-Volmer 公式。界面电化学反应的吉布斯自由能分布示意图如图 2-5 所示。

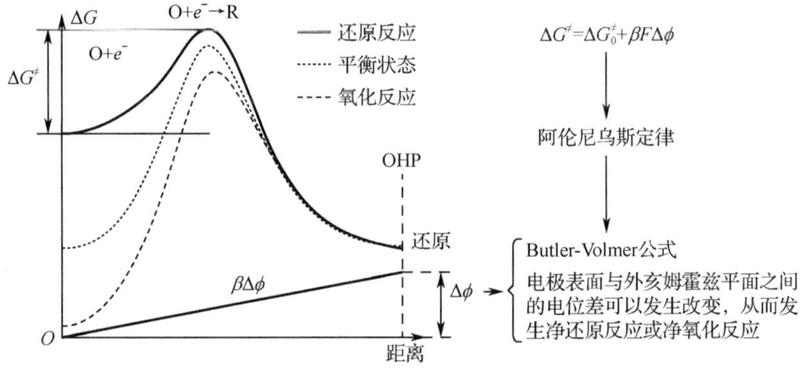

图 2-5　界面电化学反应的吉布斯自由能分布示意图

20 世纪初提出的 Nernst-Planck 方程以数学方法描述了物质在溶液中的三种传质方式，即扩散、电迁移和液体对流，其中电迁移是指将带电粒子的移动与电化学腐蚀形成的电场有机结合起来，完善了电化学腐蚀数值计算的理论。

电化学腐蚀过程的仿真本质上是求解电极表面的动力学参数，给出界面电化学反应电流 i 与电极电位 E 之间的量化关系的过程，需要综合考虑电解液中的带电粒子传输过程、界面电化学反应过程等。电解液域的模型方程如下。

（1）物质的质量守恒方程：

$$\frac{\partial c_i}{\partial t} + \nabla \cdot \boldsymbol{N}_i + R_i = 0 \tag{2-99}$$

式中，c_i 为带电粒子 i 的浓度；$\boldsymbol{N}_i$ 为带电粒子 i 的通量；R_i 为带电粒子 i 的源汇项；t 为时间。

带电粒子 i 的通量由 Nernst-Planck 方程给出：

$$\boldsymbol{N}_i = -D_i \nabla c_i - z_i u_{m,i} F c_i \nabla \phi_1 + c_i \boldsymbol{u} \tag{2-100}$$

式中，D_i 为带电粒子 i 的扩散系数；z_i 为带电粒子 i 的电荷数；$u_{m,i}$ 为带电粒子 i 的迁移率；$\boldsymbol{u}$ 为电解液流动的速度矢量。

（2）电解液中的电流密度守恒方程：

$$\nabla \cdot \boldsymbol{i}_1 = 0 \tag{2-101}$$

电解液中的电流密度为电解液中所有电荷的通量之和，这些电荷通量来自带电粒子的通量，结合法拉第定律可得

$$\boldsymbol{i}_1 = F\sum_{i=1}^{n} z_i \boldsymbol{N}_i \tag{2-102}$$

（3）泊松方程：

$$\nabla \cdot (-\varepsilon \nabla \phi_1) = F\sum_{i=1}^{n} z_i c_i \tag{2-103}$$

式中，ε 为介电常数。对于大多数电解液（高度稀释的电解液除外），均可以根据电中性条件将此方程近似表示为

$$\sum_{i=1}^{n} z_i c_i = 0 \tag{2-104}$$

在电解液域中，有 n+1 个未知量，即 n 个物质浓度和 1 个电解液电位 ϕ_1，物质平衡方程的个数为 n−1，电流密度守恒方程是第 n 个方程，它是所有带电粒子质量平衡的线性组合。电中性条件给出了电解液域中的最后一个（第 n+1 个）方程，从而可得到与未知量个数（n+1）相同的方程。

对于金属结构中的电子电位，可结合欧姆定律使用电流密度守恒方程表示。

（4）金属中的电流密度守恒方程：

$$\nabla \cdot \boldsymbol{i}_\mathrm{s} = 0 \tag{2-105}$$

式中，

$$\boldsymbol{i}_\mathrm{s} = -k_\mathrm{s} \nabla k \phi_\mathrm{s} \tag{2-106}$$

k_s 为金属电导率。

（5）电极反应的动力学方程：

$$i = i_\mathrm{a} - \left|\overleftarrow{i_\mathrm{c}}\right| = i_\mathrm{corr} \exp\left(\frac{E - E_\mathrm{corr}}{\overrightarrow{\beta_\mathrm{a}}}\right) - i_\mathrm{corr} \exp\left(-\frac{E - E_\mathrm{corr}}{\overleftarrow{\beta_\mathrm{c}}}\right) \tag{2-107}$$

金属-电解液界面两侧域方程的边界条件使用了 Butler-Volmer 公式，如果带电粒子 i 参与界面电化学反应，那么边界处的通量必须与单位面积反应速度相匹配：

$$\boldsymbol{N}_i \cdot \boldsymbol{n} = -\frac{s_i}{nF} i_\mathrm{BV} \tag{2-108}$$

式中，$\boldsymbol{n}$ 表示金属表面的法向矢量；s_i 为电荷转移反应中带电粒子 i 的化学计量系数；n 为电子数；i_BV 由带电粒子 i 参与的电化学反应的 Butler-Volmer 公式求得。

第3章

电化学腐蚀仿真计算原理

如何将电化学腐蚀过程和界面电化学反应特征用数学方法描述出来，并通过数值建模方法在计算机上解析、呈现，是电化学腐蚀仿真的关键问题。本章将从稳态和瞬态腐蚀电场的数学描述、腐蚀仿真边界条件、腐蚀电场求解方法及电化学腐蚀仿真计算流程等方面，阐述电化学腐蚀仿真计算原理。

3.1 稳态腐蚀电场的数学描述

从电解液中取一个正方体微单元，如图 3-1 所示。

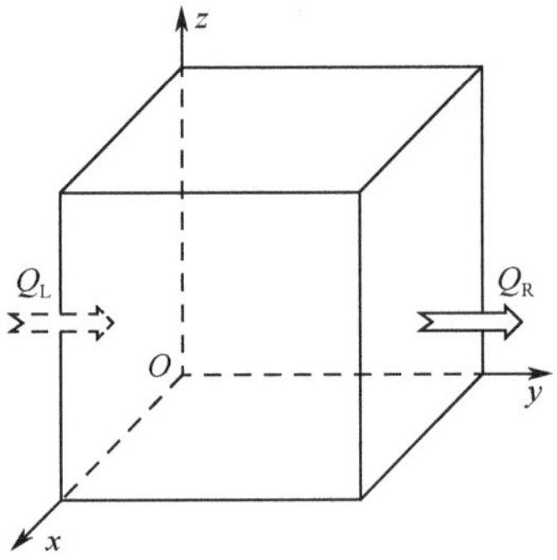

图 3-1　正方体微单元

假设带电粒子从 x 轴、y 轴、z 轴三个方向通过微单元，其通量 $\boldsymbol{N}_i$ 满足 Nernst-Planck 方程：

$$\boldsymbol{N}_i = -D_i \nabla c_i - z_i u_{m,i} F c_i \nabla \phi_l + c_i \boldsymbol{u} \tag{3-1}$$

式中，D_i 为带电粒子 i 的扩散系数；c_i 为带电粒子 i 的浓度；z_i 为带电粒子 i 的电荷数；F 为法拉第常数（F=96485C/mol）；$u_{m,i}$ 为带电粒子 i 的迁移率；ϕ_l 为电解液的电势；$\boldsymbol{u}$ 为电解液流动的速度矢量。

由法拉第定律可知，电解液中的电流密度 $\boldsymbol{i}_1$ 可表示为

$$\boldsymbol{i}_1 = F\sum_{i=1}^{n} z_i \boldsymbol{N}_i \tag{3-2}$$

考虑到腐蚀介质呈电中性，忽略液体对流现象，同时假定带电粒子 i 没有或只有少量参与溶液中的化学反应，不存在浓度梯度，则电解液中的电流密度 $\boldsymbol{i}_1$ 可进一步表示为

$$\boldsymbol{i}_1 = F\sum_{i=1}^{n} z_i(-z_i u_{m,i} F c_i \nabla \phi_1) = -(F^2\sum_{i=1}^{n} z_i^2 u_{m,i} c_i)\nabla \phi_1 \tag{3-3}$$

此时，电解液中的电势差 $\nabla \phi_1$ 和电流密度 $\boldsymbol{i}_1$ 之间的关系符合欧姆定律，电解液的电导率 σ_1（S/m）可定义为

$$\sigma_1 = F^2\sum_{i=1}^{n} z_i^2 u_{m,i} c_i \tag{3-4}$$

在时间 Δt 内通过微单元中一个面进入微单元的电量 Q 为

$$Q = \boldsymbol{i}_1 A \Delta t = -\sigma_1 \frac{\partial \phi_1}{\partial x} \Delta t A \tag{3-5}$$

式中，A 为微单元其中一个面的面积，大小为两个边长（Δx、Δy 或 Δz）的乘积。

假设微单元中心电势为 ϕ，则左面、右面的电势分别为

$$\phi_{\mathrm{L}} = \phi - \frac{\partial \phi_1}{\partial x}\left(\frac{1}{2}\Delta x\right) \tag{3-6}$$

$$\phi_{\mathrm{R}} = \phi + \frac{\partial \phi_1}{\partial x}\left(\frac{1}{2}\Delta x\right) \tag{3-7}$$

从左面、右面进入微单元的电量分别为

$$Q_{\mathrm{L}} = -\sigma_1 A \frac{\partial}{\partial x}\left[\phi - \frac{\partial \phi_1}{\partial x}\left(\frac{1}{2}\Delta x\right)\right]\Delta t \tag{3-8}$$

$$Q_{\mathrm{R}} = -\sigma_1 A \frac{\partial}{\partial x}\left[\phi + \frac{\partial \phi_1}{\partial x}\left(\frac{1}{2}\Delta x\right)\right]\Delta t \tag{3-9}$$

因此，通过左面、右面沿 x 轴进入微单元的净电量为

$$Q_{\mathrm{L}} - Q_{\mathrm{R}} = \sigma_1 \frac{\partial^2 \phi_1}{\partial x^2} \Delta x \Delta y \Delta z \Delta t \tag{3-10}$$

从三个方向进入微单元的净电量为

$$Q = \sigma_1\left(\frac{\partial^2 \phi_1}{\partial x^2} + \frac{\partial^2 \phi_1}{\partial y^2} + \frac{\partial^2 \phi_1}{\partial z^2}\right)\Delta x \Delta y \Delta z \Delta t \tag{3-11}$$

存储在微单元中的电荷必须满足：

$$Q = \rho C \Delta x \Delta y \Delta z \Delta \phi_1 \tag{3-12}$$

式中，ρ 为单位体积的电荷密度；C 为电容。

由此可以推导出：

$$\frac{\sigma}{\rho C}\nabla^2\phi_1=\frac{\Delta\phi_1}{\Delta t} \tag{3-13}$$

当 Δt 无限小（趋于 0）时，式（3-13）可变为

$$\frac{\sigma}{\rho C}\nabla^2\phi_1=\frac{\partial\phi_1}{\partial t} \tag{3-14}$$

当系统处于稳态时，电解液的电势 ϕ_1 与时间无关，式（3-14）可变为

$$\nabla^2\phi_1=\frac{\partial^2\phi_1}{\partial x^2}+\frac{\partial^2\phi_1}{\partial y^2}+\frac{\partial^2\phi_1}{\partial z^2}=0 \tag{3-15}$$

式中，∇^2 为拉普拉斯算子；x、y、z 为微单元在三维坐标系中的坐标。式（3-15）为典型的拉普拉斯方程，描述了电解液腐蚀电场中的电势分布规律。该腐蚀电场中的相关变量均与时间无关，故称该腐蚀电场为稳态腐蚀电场。

3.2 瞬态腐蚀电场的数学描述

当腐蚀发生在狭小的区域内（如缝隙中）时，腐蚀产物对介质中带电粒子 i 的浓度和溶液电导率的影响很大，反应时间对腐蚀过程的影响不可忽略，稳态腐蚀电场已经不适用。带电粒子 i 的浓度变化使介质中出现浓度梯度，因而 Nernst-Planck 方程中包含了扩散项和电迁移项（忽略了液体对流项）：

$$\boldsymbol{N}_i=-D_i\nabla c_i-z_iu_{m,i}Fc_i\nabla\phi_1 \tag{3-16}$$

式中，带电粒子 i 的迁移率 $u_{m,i}$ 不可忽略，可由 Nernst-Einstein 方程计算获得，即

$$u_{m,i}=D_i/(RT) \tag{3-17}$$

根据质量守恒原理，介质中带电粒子 i 的浓度随时间的变化可表示为

$$\frac{\partial c_i}{\partial t}+\nabla\cdot\boldsymbol{N}_i=R_i \tag{3-18}$$

式中，R_i 为带电粒子 i 在电解液中的反应项，若电解液中带电粒子 i 没有发生额外的化学反应，则 R_i 为 0。

各带电粒子的定向移动导致产生了离子电流，腐蚀电解液域内的净电流密度可表示为

$$\boldsymbol{i}_1=F\sum_{i=1}^{n}z_i\boldsymbol{N}_i=F\sum_{i=1}^{n}z_i(-D_i\nabla c_i-z_iu_{m,i}Fc_i\nabla\phi_1) \tag{3-19}$$

介质电导率 σ_1 可进一步由式（3-20）计算：

$$\sigma_1 = F^2 \sum_{i=1}^{n} z_i^2 u_{m,i} c_i = F^2 \sum_{i=1}^{n} z_i^2 D_i c_i / (RT) \tag{3-20}$$

因此，电解液的电势差可表示为

$$\nabla \phi_1 = -\boldsymbol{i}_1 / \sigma_1 - \sum_{i=1}^{n} z_i D_i \nabla c_i F / \sigma_1 \tag{3-21}$$

由此可以看出，电解液的电势差 $\nabla \phi_1$ 由电迁移引起的欧姆降和带电粒子 i 扩散引起的压降组成。由以上公式可以获得 n 个方程，但是由于电解液的电势 ϕ_1 也是未知量，因此还需要一个方程才能求解腐蚀电场，即腐蚀介质的电中性方程：

$$\sum_{i=1}^{n} z_i c_i = 0 \tag{3-22}$$

该腐蚀电场中的相关变量均为时间的函数，故称该腐蚀电场为瞬态腐蚀电场。

3.3 腐蚀仿真边界条件

3.3.1 腐蚀仿真边界条件定义

在求解腐蚀方程时，其边界条件对于计算结果的准确性是非常重要的。拉普拉斯方程的定解取决于求解域的几何布局和边界条件。从数学的角度看，由于满足一个偏微分方程的解可以有很多，因此必须有一些特定的边界条件来进行补充和限制才能得到定解。边界条件一般根据实际问题的特点来选择，所选择的边界条件是否适当直接影响数值计算的准确性。边界条件一般分为三类。

（1）第一类边界条件，即狄利克雷（Dirichlet）边界条件：边界上的电位为常数，即电极表面电位 $E = E_0$。

（2）第二类边界条件，即自然边界条件或诺依曼（Neumann）边界条件：边界上有确定的电流密度条件，即

$$i = i_0 = -\sigma_1 \frac{\partial \phi_1}{\partial n} \tag{3-23}$$

本节所涉及的电偶腐蚀模型边界条件如图 3-2 所示，除阴极和阳极界面以外，其余边界均绝缘，即法向电流密度为 0：

$$\nabla_n \phi_1 = \frac{\partial \phi_1}{\partial n} = 0 \tag{3-24}$$

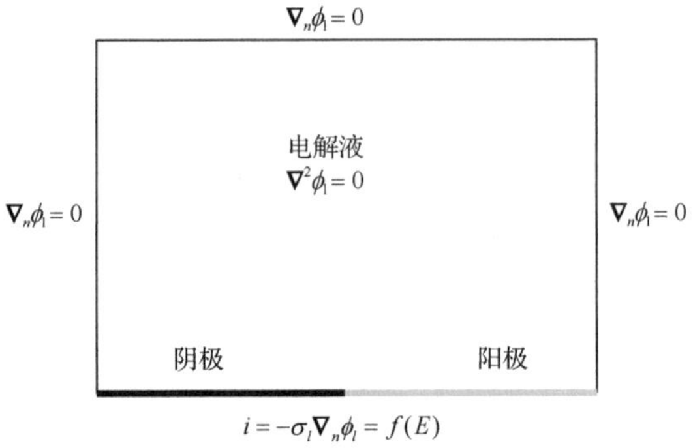

图 3-2　本节所涉及的电偶腐蚀模型边界条件

（3）第三类边界条件，即混合边界条件或洛平（Robin）边界条件：给出边界电位与电流密度之间的关系，可由 Robin 问题导出。金属（电子导体）的极化曲线描述了金属材料在电解液中电流密度与电极电位之间的关系，可作为第三类边界条件，可表示为

$$i = f(E) = f(\phi_s - \phi_l) \tag{3-25}$$

式中，ϕ_s 为金属电极电势；E 为电极电位，用 $\phi_s - \phi_l$ 表示。

对于不同体系下腐蚀仿真边界条件、控制方程和特征参数的设置，可参考以下内容。

1. 对于 pH≥4 的近中性、中性和碱性溶液，常忽略质子还原反应，阴极反应只考虑氧还原过程，各参数设置如下。

（1）离子导体——电解液。

定义溶液电导率 σ（S/m）。

（2）电子导体。

① 阴极电极。

定义阴极材料的电导率 σ_{ca}（可内置各金属电导率库，输入金属名自动调取）。

② 阳极电极。

定义阳极材料的电导率 σ_{an} 。

（3）阴极电极-溶液表面（只发生氧还原反应）。

① 定义阴极氧还原反应平衡电位 E_{eq_ca}。

② 定义动力学表达式——阴极反应 Tafel 公式。

$$\eta = E - E_{eq} = \frac{2.303RT}{\alpha nF}\lg i_{0\_ca} - \frac{2.303RT}{\alpha nF}\lg i \tag{3-26}$$

式中，η 为相对于平衡电位的过电位；R 为气体常数，R=8.3J·K^{-1}·mol^{-1}；T 为热力学温度；F 为法拉第常数，F=96485C/mol；α 为传递系数；n 为电子转移数，常默认为 0.5；i_{0_ca} 为阴极反应交换电流密度。

③ 定义阴极反应交换电流密度 i_{0_ca}。

$$i_{0\_ca} = FAk^0 c_{O_2}^* e^{\frac{-\alpha F(E_{eq}-E^0)}{RT}} \tag{3-27}$$

式中，A 为样品面积；k^0 为标准速率常数；$c_{O_2}^*$ 为本体溶液中的氧（O_2）浓度；E_{eq} 为平衡电位；E^0 为氧标准电极电位。

④ 定义阴极反应 Tafel 斜率。

$$-\frac{2.303RT}{\alpha F} = -118\text{mV/decade} \tag{3-28}$$

⑤ 极限电流，受到传质的影响。

$$\eta = \frac{2.303RT}{\alpha nF}\lg\left(1-\frac{i}{i_L}\right) - \frac{2.303RT}{\alpha nF}\lg\frac{i}{i_0} \tag{3-29}$$

式中，i_L 为极限扩散电流，可通过式（3-30）计算：

$$i_L = nFAD\frac{c^*}{l} \tag{3-30}$$

式中，c^*为本体溶液浓度；l 为扩散层厚度，通常为 10^{-2}cm 左右；A 为样品面积；D 为物质扩散系数。

（4）阳极电极-溶液表面。

① 定义阳极反应平衡电位 E_{eq_an}。

② 定义动力学表达式——阳极反应 Tafel 公式。

$$\eta = E - E_{eq} = \frac{2.303RT}{(1-\beta)nF}\lg|i| - \frac{2.303RT}{(1-\beta)nF}\lg i_{0\_an} \tag{3-31}$$

定义阴极反应电流为正，此处阳极反应电流应取电流密度 i 的绝对值。式（3-31）中，β为阳极反应传递系数；i_{0_an} 为阳极反应交换电流密度；其他参数定义同上。

③ 定义阳极反应交换电流密度 i_{0_an}。

④ 定义阴极反应 Tafel 斜率。

$$-\frac{2.303RT}{(1-\beta)nF} = -118\text{mV/decade} \tag{3-32}$$

⑤ 定义阳极反应 Tafel 斜率。

$$\frac{2.303RT}{(1-\beta)nF} \tag{3-33}$$

2．对于 pH<4 的酸性溶液，阴极反应包括质子还原反应和氧还原反应，阳极反应仍然只有金属氧化反应。对于氧还原反应和金属氧化反应，其参数设置与 pH≥4 时的情况相同。对于质子还原反应，其参数设置如下。

阴极电极-溶液表面（发生质子还原反应）。

① 定义阴极质子还原反应平衡电位 E_{eq_ca}。

② 定义动力学表达式——Butler-Volmer 公式。

$$i = i_{0,\mathrm{H^+}}\left[\frac{c_{\mathrm{H^+}}(0,t)}{c^*_{\mathrm{H^+}}}\mathrm{e}^{\frac{-\alpha nF\eta}{RT}} - \frac{c_{\mathrm{H_2}}(0,t)}{c^*_{\mathrm{H_2}}}\mathrm{e}^{\frac{(1-\alpha)nF\eta}{RT}}\right] \tag{3-34}$$

式中，$i_{0,\mathrm{H^+}}$ 为阴极质子还原反应交换电流密度；$c_{\mathrm{H^+}}(0,t)$、$c_{\mathrm{H_2}}(0,t)$ 分别为 t 时刻电极表面的 H^+ 和 H_2 浓度；$c^*_{\mathrm{H^+}}$、$c^*_{\mathrm{H_2}}$ 分别为本体溶液中 H^+ 和 H_2 浓度；α 为质子还原反应传递系数；η 为相对于氢标准电极的过电位。

③ 定义阴极质子还原反应交换电流密度 $i_{0,\mathrm{H^+}}$。

$$i_{0,\mathrm{H^+}} = FAk^0 c^*_{\mathrm{H^+}}\mathrm{e}^{\frac{-\alpha F(E_{\mathrm{eq}}-E^0)}{RT}} \tag{3-35}$$

3.3.2 极化曲线解析

极化曲线一般是非线性的，直接作为边界条件会使计算量大大增加，降低计算结果的收敛性。在实际仿真计算过程中，有以下三种处理方式：①对于有明显 Tafel 强极化区或符合 Butler-Volmer 公式的极化曲线，可用 Tafel 公式或 Butler-Volmer 公式描述极化关系；②对于极化过程存在明显点蚀特征且不规则的极化曲线，可用线性分段插值函数或非线性分段插值函数表示；③当电极反应速度受反应物在介质中的扩散速度影响时，电极反应电流密度不再随电位变化而增大，即在极限扩散电流密度受氧扩散影响比较明显的阴极反应中，需要考虑极限扩散电流密度。

对极化曲线进行准确描述是在金属材料腐蚀仿真建模时不可缺少的关键步骤，只有提高极化曲线的拟合精度才能保证仿真模型的准确性和可靠性。

目前，针对如何解决极化曲线拟合的问题，国内外学者已经提出了多种方法。最常用的方法是通过对极化曲线中 Tafel 区开展线性拟合来获得阴极反应、阳极反应 Tafel 斜率，并外推获得腐蚀速率。然而，线性拟合的方法要求 Tafel 区在 lg$i$ 轴上至少有一个 decade 的直线段，以确保拟合的精度，而且该方法原理上只适用于反应速度完全受活化控制的腐蚀体系。在以氧还原反应为主要阴极反应的腐蚀体系中，反应速度同时受到溶解氧的传质过程控制，极化曲线不存在明显的 Tafel 线性区，因而限制了外推法的使用。

对于 Tafel 线性区不明显或不存在的非线性极化曲线，可采用非线性最小二乘法进行曲线拟合，即减小实验测得的电流密度和理论电流密度的方差总和（SSV）：

$$\mathrm{SSV} = \sum_{j=1}^{n}(i_j^{\mathrm{exp}} - i_j^{\mathrm{theory}})^2 \tag{3-36}$$

式中，n 是数据点的数目；i_j^{exp} 是实验测得的电流密度；i_j^{theory} 是理论电流密度。对于理论电流密度的计算，可以采用基于混合电位理论的叠加模型方法，总电流密度由所有反应的电流密度之和求得。例如，在含氧水溶液中，钢的腐蚀总电流密度 i 为

$$i = i_{Fe} - i_{O_2} - i_{H_2O} \tag{3-37}$$

式中，i_{Fe}、i_{O_2}、i_{H_2O} 分别为 Fe、O_2 和 H_2O 反应的电流密度，可由 Tafel 公式计算求得。通过真实极化曲线的叠加，就能得到表观极化曲线的叠加模型，其示意图如图 3-3 所示。

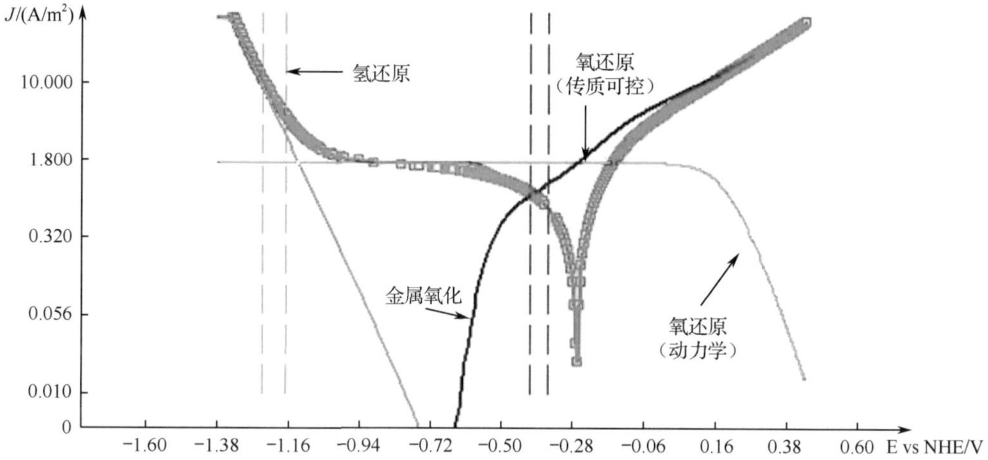

图 3-3　表观极化曲线的叠加模型示意图

由阴极反应、阳极反应的真实极化曲线叠加得到表观极化曲线的叠加模型最早是由 Wanger 和 Traud 提出的，可采用的对其进行求解的算法有多种，已经用于计算的算法包括 Nelder-Mead 单纯形法、集成在 Excel 的 Solver 插件中的广义简约梯度（GRG）非线性方法、LP 单纯形法和进化算法、可用于非线性回归的高斯-牛顿法、Marquardt-Levenberg 算法及最速下降法等。由于求解精确的极化曲线的表达式中涉及多个未知变量，在仿真计算过程中不能出现拟合数为负数的情况，因此并非上述所有的方法都可以很好或很方便地用于多变量极化曲线的拟合和参数的确定。目前，效果比较好的处理方法有 H. J. Flitt 等发展的 SYMADEC 解析模型，以及李强等提出的非线性最小二乘法。

腐蚀仿真软件中的极化曲线解析方法如下。

1. Elsyca CurveAnalyzer 前处理模块

Elsyca CurveAnalyzer 是一个将极化曲线解析为基元电极反应的前处理模块，解析出的基元电极反应将作为 CorrosionMaster 仿真模拟的输入，其基本原理是将实验测得的极化曲线分解为阴极析氢反应、阴极吸氧反应和阳极金属溶解反应。为了分

解极化曲线，需要通过线性扫描伏安法（LSV）模拟氢的 Butler-Volmer（Tafel 图）型动力学反应，通过氧气到基材的极限质量传递用 LSV 模拟氧的 Butler-Volmer（Tafel 图）型动力学反应。拟合这两个反应的动力学参数，并将所测得的极化曲线分解为各反应的占比。阳极金属溶解反应不能用 Butler-Volmer（Tafel 图）型动力学反应来表示，但是可以用样条线（由数据对组成）来表示。这使 Elsyca CurveAnalyzer 也可以处理显示钝化行为的金属。Elsyca CurveAnalyzer 操作界面如图 3-4 所示。

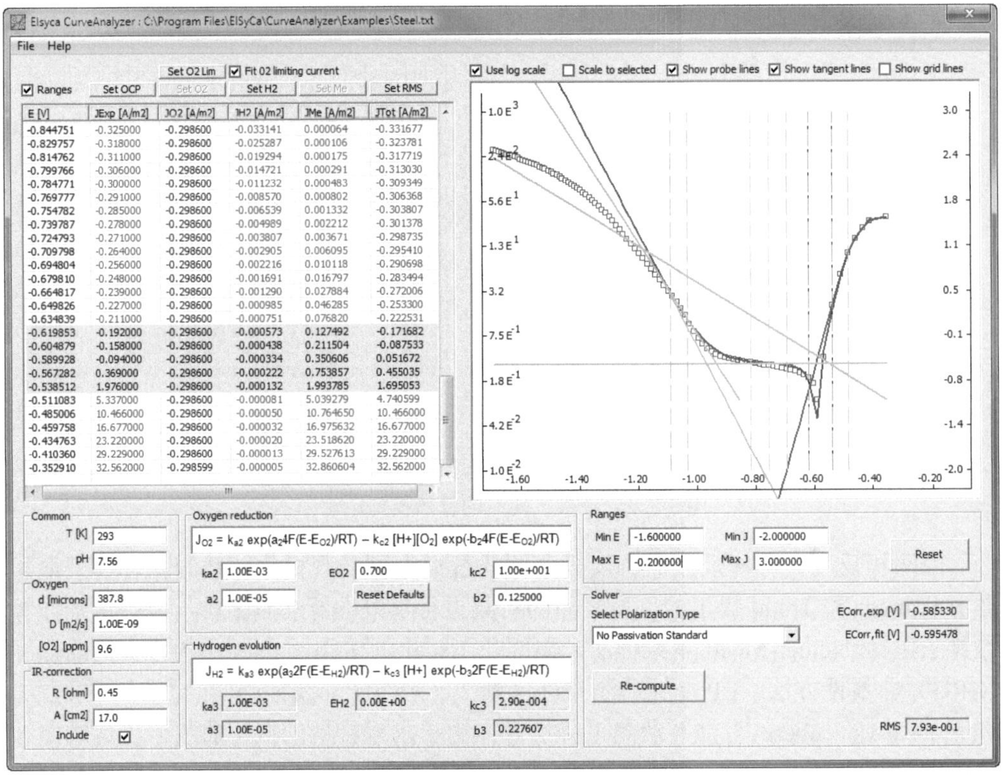

图 3-4　Elsyca CurveAnalyzer 操作界面

极化曲线解析过程应用的参数如图 3-5 所示，包括温度、pH、氧浓度、溶液电阻等，阴极析氢反应电流密度和阴极吸氧反应电流密度均采用 Butler-Volmer 公式表示。

根据目前的资料分析，Elsyca CurveAnalyzer 的基本解析原理与 H. J. Flitt 等发展的 SYMADEC 解析模型基本一致。

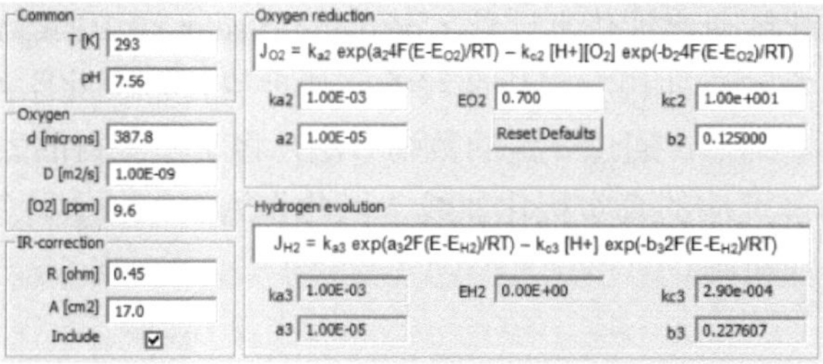

图 3-5　极化曲线解析过程应用的参数

2. BEASY POLCURVEX 模块

BEASY POLCURVEX 是 BEASY 中独立的一个极化曲线解析模块，该模块允许用户对实测的动电位极化曲线进行反卷积，将其转化为电化学反应速率方程。使用这种方法（基于混合电位理论），所有的四个动力学速率方程都可用于对极化曲线进行反卷积，因此可以使金属溶解、点蚀、氧还原和氢还原速率方程与极化曲线相吻合。这种极化曲线解析的方式与 Elsyca CurveAnalyzer 基本一致。

此外，BEASY POLCURVEX 还提供了电化学材料数据库，其中包括常用的商业结构材料数据库、航空航天结构材料数据库和海洋工程结构材料数据库等。数据库体系结构灵活，用户可以很容易地将其添加到本单位的包含各种金属及其涂镀材料的数据库中。BEASY POLCURVEX 极化曲线功能界面如图 3-6 所示。

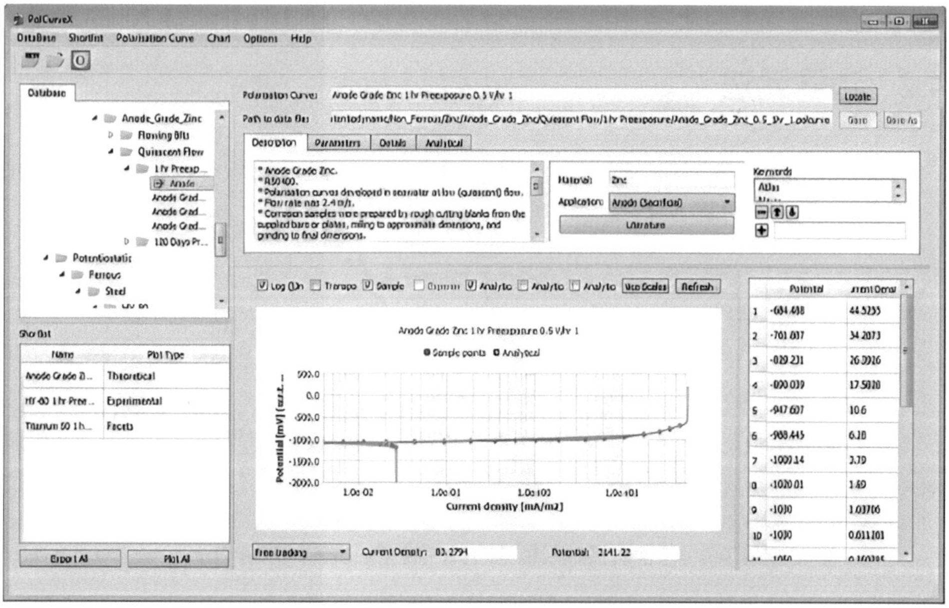

图 3-6　BEASY POLCURVEX 极化曲线功能界面

目前成熟的两款商业腐蚀仿真软件 CorrosionMaster 和 BEASY 的极化曲线解析均采用的是反卷积方法，即根据极化曲线的叠加理论，在电化学腐蚀过程基元反应动力学控制方程的基础上，通过一定的数学方法，将实验测得的表观极化曲线拆解，得到阴极反应、阳极反应的真实极化曲线，以此作为腐蚀仿真计算的边界条件，使仿真计算的结果更加精确。

3.4 腐蚀电场求解方法

3.4.1 有限差分法

有限差分法是最早出现的一种腐蚀电场求解方法，其原理是用代数方程近似代替原微分方程中的导数，采用一定的网格划分方法对所研究的场域进行离散化，把求解偏微分方程的问题转化为求解代数方程的问题，得到差分方程组（代数方程组），求解所研究场的电位分布和电流分布：

$$\frac{\mathrm{d}E}{\mathrm{d}x} \approx \frac{\Delta E}{\Delta x} = \frac{E(x+\Delta x)-E(x)}{\Delta x} \tag{3-38}$$

有限差分法能够有效解决二维问题，但是在解决三维问题时剖分灵活性较差，对一些不规则边界进行处理不方便，有时方程的收敛性和准确性存在问题。有限差分法存在的固有缺陷使其逐渐被边界元法和有限元法代替。

3.4.2 边界元法

图 3-7 所示为包含阴极、阳极和边界 S 的电解质三维求解域 V，求解域 V 内的点（源点）用 x 表示，边界 S 上的点（观测点）用 y 表示。

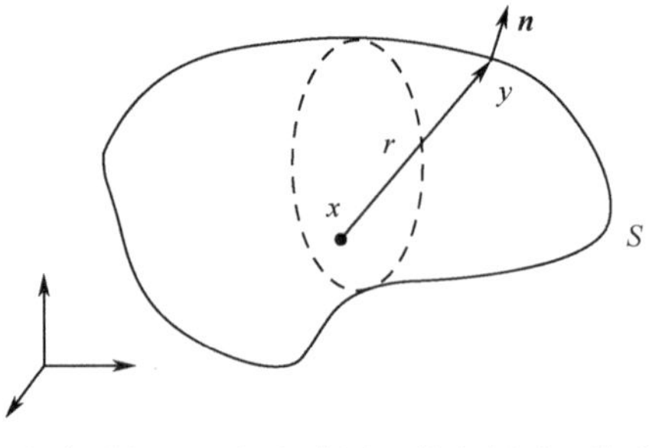

图 3-7　包含阴极、阳极和边界 S 的电解质三维求解域 V

对拉普拉斯方程应用格林函数，可获得边界积分方程：

$$c\phi(x)+\int_S \frac{\partial G(x,y)}{\partial \boldsymbol{n}}\phi(y)\mathrm{d}S-\int_S G(x,y)\frac{\partial \phi(y)}{\partial \boldsymbol{n}}\mathrm{d}S=0 \tag{3-39}$$

式中，$G(x,y)$ 为拉普拉斯方程的格林函数，在二维和三维空间中有不同的表达式：

$$G(x,y)=\frac{1}{2\pi}\lg\left(\frac{1}{r}\right)\text{（二维）} \tag{3-40}$$

$$G(x,y)=\frac{1}{4\pi r}\text{（三维）} \tag{3-41}$$

r 为 x 点与 y 点之间的距离；$\boldsymbol{n}$ 为积分域边界法向量；ϕ 为 x 点处的电势；c 为边界形状系数，随 y 点的位置不同取值不同，一般 $0<c<1$。

式（3-39）～式（3-41）为边界上的电势与电势梯度之间的关系，按照给定的积分条件，可以求得边界上所有电势和电势梯度。

通过格林函数对拉普拉斯方程降阶，可将三维问题变为二维问题，大大减少建模工作量，在复杂结构或无限域的模型计算中有较好的应用。其缺点是无法进行多物理场耦合作用下的腐蚀仿真计算，无法实现瞬态腐蚀电场中介质浓度变化的计算，并且对不同介质分界面的边界条件还需要单独进行处理。

3.4.3 有限元法

有限元法是有限差分法和变分法的结合，与边界元法相似，将整个求解域 V 分成有限个小单元，并且复杂边界 S 分别属于不同单元。先在单元范围内用低次多项式分片插值，再将它们组合起来，形成全域的函数，组合求得连续场的解。通过离散、变分处理后，可得到拉普拉斯方程的有限元方程组。

采用有限元法可求解具有复杂边界的腐蚀电场，对不同介质分界面的边界条件不需要单独进行处理，计算精度高。其缺点是处理大型结构件及复杂边界问题时计算量偏大，效率偏低，计算结果收敛性不高。

3.5 电化学腐蚀仿真计算流程

无论采用哪种腐蚀电场求解方法，电化学腐蚀仿真计算流程均包括前处理、数学模型计算和后处理三部分。前处理包括几何模型构建、边界条件处理、电解质参数设置、网格划分等，为数学模型计算做好前期准备工作。几何模型的一致性、网格划分的合理性和边界条件的准确性是影响仿真计算结果准确性的三大因素。几何模型应尽量与实际结构保持一致，对于复杂结构，可对模型细节进行适当的简化处理，但结构表面腐蚀介质的面积和高度应与实际情况保持一致。在网格划分过程中，对于电位和电流突变的部位，要做到细分网格；对于电位和电流变化平缓的部位，可适当粗化网格。边界条件的准确性直接影响仿真计算结果的可靠性，模型的材料体系（包括金属材料种类、表面处理状态、保护层破损情况等）应与实际情况保持一致，材料的极化曲线测试条件应与结构服役环境（腐蚀介质类型、温度、浓度等）一致，如图 3-8 所示。

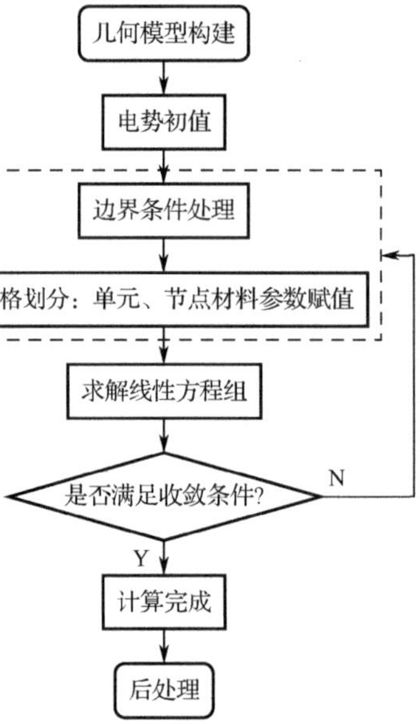

图 3-8　电化学腐蚀仿真计算流程

电化学腐蚀仿真计算涉及数学物理模型构建、有限体积–边界元耦合算法设计和均匀/电偶腐蚀求解方法三方面的内容，具体如下。

1. 数学物理模型构建

（1）流体质量守恒方程。

流体内物质 i 的质量守恒方程（瞬态）为

$$\frac{\partial c_i}{\partial t}+\nabla\cdot\boldsymbol{N}_i=R_i \tag{3-42}$$

或

$$\frac{\partial c_i}{\partial t}+\nabla\cdot\boldsymbol{J}_i+\boldsymbol{u}\cdot\nabla c_i=R_i \tag{3-43}$$

式（3-43）只适用于不可压缩流体。物质 i 的总通量 $\boldsymbol{N}_i$ 可根据 Nernst-Planck 方程给出，具体表达式为

$$\boldsymbol{N}_i=-D_i\nabla c_i-z_iu_{m,i}Fc_i\nabla\phi_1+c_i\boldsymbol{u}=\boldsymbol{J}_i+c_i\boldsymbol{u} \tag{3-44}$$

（2）流体电化学方程（三次电流分布）。

下面给出三次电流分布的不同电荷守恒模型下的电化学方程。

① 电中性电荷守恒方程（或称为电流守恒方程）为

$$\nabla \cdot \boldsymbol{i}_1 = F\sum_{i=1}^{n} z_i R_i + Q_1 \tag{3-45}$$

式中，电流密度 $\boldsymbol{i}_1$ 为

$$\boldsymbol{i}_1 = F\sum_{i=1}^{n} z_i J_i \tag{3-46}$$

局部电中性方程为

$$\sum_{i=1}^{n} z_i c_i = 0 \tag{3-47}$$

② 电荷守恒方程为

$$\nabla \cdot \boldsymbol{i}_1 = F\sum_{i=1}^{n} z_i R_i + FR_{\text{H}} - FR_{\text{OH}} + Q_1 \tag{3-48}$$

式中，电流密度 $\boldsymbol{i}_1$ 为

$$\boldsymbol{i}_1 = F\sum_{i=1}^{n} z_i \boldsymbol{J}_i + FJ_{\text{H}} - FJ_{\text{OH}} \tag{3-49}$$

局部电中性方程为

$$\sum_{i=1}^{n} z_i c_i + C_{\text{H}} - C_{\text{OH}} = 0 \tag{3-50}$$

$$C_{\text{H}} C_{\text{OH}} = K_{\text{W}} \tag{3-51}$$

③ 支持电解质电荷守恒方程为

$$\nabla \cdot \boldsymbol{i}_1 = F\sum_{i=1}^{n} z_i R_i + Q_1 \tag{3-52}$$

式中，电流密度 $\boldsymbol{i}_1$ 为

$$\boldsymbol{i}_1 = -\sigma_1 \nabla \phi_1 \tag{3-53}$$

式（3-53）为欧姆定律形式。

此时电荷守恒方程不再适用，而使用如下的静电方程微分形式：

$$\nabla \cdot \boldsymbol{D}_1 = F\sum_{i=1}^{n} z_i R_i \tag{3-54}$$

式中，$\boldsymbol{D}_1$ 为电位移矢量，其表达式为

$$\boldsymbol{D}_1 = -\varepsilon_0 \varepsilon_{\text{r}} \nabla \phi_1 \tag{3-55}$$

（3）固体电化学方程。

电荷守恒方程为

$$\nabla \cdot \boldsymbol{i}_{\mathrm{s}} = -F\sum_{i=1}^{n} z_i R_i + Q_{\mathrm{s}} \tag{3-56}$$

式中，电流密度$\boldsymbol{i}_{\mathrm{s}}$为

$$\boldsymbol{i}_{\mathrm{s}} = -\sigma_{\mathrm{s}} \nabla \phi_{\mathrm{s}} \tag{3-57}$$

对于二次电流分布，即电解液中离子浓度均匀分布且不随时间变化的情况，传质方程不再存在，电流密度与摩尔通量的关系可以简化为欧姆定律形式。同时，电流密度满足电流守恒方程。由此构成了电解液域内的控制方程。

欧姆定律形式：

$$\boldsymbol{i}_{\mathrm{l}} = -\sigma_{\mathrm{l}} \nabla \phi_{\mathrm{l}} \tag{3-58}$$

电流守恒方程：

$$\nabla \cdot \boldsymbol{i}_{\mathrm{l}} = Q_{\mathrm{l}} \tag{3-59}$$

同时，对于固体，即电极，域内控制方程同样是式（3-58）和式（3-59）的形式，区别只是下标不再是 l，而是 s。

对于一次电流分布，控制方程与二次电流分布的控制方程基本一致。区别仅在于一次电流分布考虑不极化电极，二次电流分布考虑电化学电极，数值计算主要存在边界条件设置上的差异，二次电流分布需要考虑电化学动力学关系。

至此，不同电流分布类型下的控制方程均已给出，接下来要进行边界条件处理，尤其是电极与电解液之间的界面区（或称为电极表面）电化学和传质相关物理量的处理。

（4）边界条件处理。

下面以二次电流分布耦合稀物质传递模型为例，对边界条件处理进行描述，该情况相当于三次电流分布与支持电解质相结合的模型。这里不考虑流体流动，并且假设电极域不存在。再次给出该模型的稳态控制方程：

$$\begin{cases} \nabla \cdot \boldsymbol{i}_{\mathrm{l}} = Q_{\mathrm{l}} \\ \boldsymbol{i}_{\mathrm{l}} = -\sigma_{\mathrm{l}} \nabla \phi_{\mathrm{l}} \\ \nabla \cdot \boldsymbol{J}_i = R_i \end{cases} \tag{3-60}$$

式（3-60）可简化为

$$\begin{cases} -\sigma_{\mathrm{l}} \nabla^2 \phi_{\mathrm{l}} = Q_{\mathrm{l}} \\ \nabla \cdot \boldsymbol{J}_i = R_i \end{cases} \tag{3-61}$$

如果$Q_{\mathrm{l}} = 0$，则式（3-61）中第一个等式就变成拉普拉斯方程。另外，传质方程中浓度的下标$i = 1, 2, \cdots, n$，其中物质数量$n \geqslant 1$。

由于没有考虑电极域，整个计算域只包括电解液域，因此其边界主要有两大类：一类是电解液与电极之间的界面区；另一类是非界面区。

① 非界面区。

a．电化学场（界面电流密度或电势的定义）。

第一类边界条件，界面上的电位 $\phi_1 = \phi_0$， ϕ_0 已知。

第二类边界条件，已知界面上的电流密度 $\boldsymbol{i}_{1,0}$，通过式（3-62）可计算出电位法向梯度：

$$-\sigma \frac{\partial \phi_1}{\partial \boldsymbol{n}} = -\sigma \nabla_n \phi_1 = \boldsymbol{n} \cdot (-\sigma \nabla \phi_1) = \boldsymbol{n} \cdot \boldsymbol{i}_{1,0} \tag{3-62}$$

对于当前模型，界面上的法向电流 $\boldsymbol{i}_1$ 为零，即

$$-\boldsymbol{n} \cdot \boldsymbol{i}_{1,0} = 0 \tag{3-63}$$

因此，有

$$\frac{\partial \phi_1}{\partial \boldsymbol{n}} = 0 \tag{3-64}$$

b．传质场（界面浓度的定义）。

第一类边界条件，界面上的摩尔浓度 $c_i = c_{0,i}$， $c_{0,i}$ 已知。

第二类边界条件，界面上的法向通量为零，表达式为

$$-\boldsymbol{n} \cdot \boldsymbol{J}_i = 0 \tag{3-65}$$

将 $\boldsymbol{J}_i$ 的表达式 $\boldsymbol{J}_i = -D_i \nabla c_i - z_i u_{m,i} F c_i \nabla \phi_1$ 代入式（3-65），可得

$$D_i \frac{\partial c_i}{\partial \boldsymbol{n}} = -z_i u_{m,i} F c_i \frac{\partial \phi_1}{\partial \boldsymbol{n}} \tag{3-66}$$

式（3-66）中的电位梯度可由式（3-62）计算得到。如果电位梯度为零，则界面法向上的浓度梯度为零，即

$$\frac{\partial c_i}{\partial \boldsymbol{n}} = 0 \tag{3-67}$$

对于入口，可以定义：

$$c_i = c_{0,i} \tag{3-68}$$

对于出口，可以定义：

$$\frac{\partial c_i}{\partial \boldsymbol{n}} = 0 \tag{3-69}$$

② 界面区。

a．电化学场（界面电流密度或电势的定义）。

界面上的法向电流 $\boldsymbol{i}_1$ 满足：

$$\boldsymbol{n} \cdot \boldsymbol{i}_1 = i_{\text{total}} \tag{3-70}$$

式中， $i_{\text{total}} = \sum_m i_{\text{loc},m}$ ，局部电流密度 $i_{\text{loc},m}$ 可通过浓度依赖动力学关系式等极化关系式得到，即

$$i_{\text{loc},m} = \left\{ i_0 \left[c_{\text{R}} \exp\left(\frac{\alpha_{\text{a}} F \eta}{RT} \right) - C_0 \exp\left(\frac{\alpha_{\text{c}} F \eta}{RT} \right) \right] \right\}_m \tag{3-71}$$

根据欧姆定律，式（3-70）和式（3-71）可以整理成如下形式：

$$-\sigma_1\nabla_n\phi_1=-\sigma_1\frac{\partial\phi_1}{\partial\boldsymbol{n}}=\sum_m\left\{i_0\left[c_{\mathrm{R}}\exp\left(\frac{\alpha_{\mathrm{a}}F\eta}{RT}\right)-C_0\exp\left(\frac{\alpha_{\mathrm{c}}F\eta}{RT}\right)\right]\right\}_m \tag{3-72}$$

式（3-71）只比 Butler-Volmer 公式多了浓度作为系数，这里采用该式是因为之前模型假设了稀物质传递，考虑了浓度的影响。如果不考虑浓度的影响，传质方程也不存在，式（3-71）则变成 Butler-Volmer 公式。

在式（3-71）中，过电位η的表达式为

$$\eta=E_{\mathrm{ct}}-E_{\mathrm{eq}} \tag{3-73}$$

电极电位E_{ct}的表达式为

$$E_{\mathrm{ct}}=\phi_{\mathrm{s}}-\phi_1 \tag{3-74}$$

式（3-71）和式（3-73）中的交换电流密度i_0、传递系数α_{a}和α_{c}、法拉第常数F、气体常数R、热力学温度T（不考虑温度变化）及平衡电位E_{eq}均已知，需要在计算前给出。另外，E_{eq}也可由能斯特方程得出。

式（3-74）中的ϕ_{s}、ϕ_1分别为电极和电解液的电位，对于不考虑电极域的情况，ϕ_{s}是已知的，可以是固体（电极）在界面区的电位，需要在计算前给出。

b．传质场（界面浓度的定义）。

界面区上法向通量满足：

$$-\boldsymbol{n}\cdot\boldsymbol{J}_i=\sum_m R_{i,m} \tag{3-75}$$

式中，反应源项$R_{i,m}$，即电化学反应速率，满足：

$$R_{i,m}=\left(\frac{v_i i_{\mathrm{loc}}}{\boldsymbol{n}F}\right)_m \tag{3-76}$$

将$\boldsymbol{J}_i$的表达式$\boldsymbol{J}_i=-D_i\nabla c_i-z_i u_{m,i}Fc_i\nabla\phi_1$代入式（3-75），结合式（3-76）整理可得

$$\begin{aligned}-\boldsymbol{n}\cdot\boldsymbol{J}_i&=D_i\nabla_n c_i+z_i u_{m,i}Fc_i\nabla_n\phi_1=D_i\nabla_n c_i+\frac{z_i u_{m,i}Fc_i}{\sigma_1}(\sigma_1\nabla_n\phi_1)\\&=\underbrace{D_i\frac{\partial c_i}{\partial\boldsymbol{n}}}_{①}+\underbrace{\frac{z_i u_{m,i}Fc_i}{\sigma_1}}_{②}\left(\sigma_1\frac{\partial\phi_1}{\partial\boldsymbol{n}}\right)=\underbrace{\sum_m\left(\frac{v_i i_{\mathrm{loc}}}{\boldsymbol{n}F}\right)_m}_{③}\end{aligned} \tag{3-77}$$

式（3-77）中，②的电位梯度可通过式（3-72）计算得到，③的局部电流密度可通过式（3-71）计算得到，由此可以得到①的浓度梯度。

以上便是二次电流分布耦合稀物质传递模型的边界条件，对其进行汇总，如表 3-1 所示。

表 3-1 二次电流分布耦合稀物质传递模型的边界条件（没有电极域）

物理场	非界面区	界面区
电化学场（电位ϕ）	第一类边界条件 $\phi_1=\phi_0$ 或第二类边界条件 $-\sigma\dfrac{\partial\phi_1}{\partial\boldsymbol{n}}=\boldsymbol{n}\cdot\boldsymbol{i}_{1,0}$	$-\sigma_1\dfrac{\partial\phi_1}{\partial\boldsymbol{n}}=\sum\limits_m\left\{i_0\left[c_R\exp\left(\dfrac{\alpha_a F\eta}{RT}\right)-C_0\exp\left(\dfrac{\alpha_c F\eta}{RT}\right)\right]\right\}_m$
传质场（摩尔浓度 c_i）	$D_i\dfrac{\partial c_i}{\partial\boldsymbol{n}}=-z_i u_{m,i}Fc_i\dfrac{\partial\phi_1}{\partial\boldsymbol{n}}$	$D_i\dfrac{\partial c_i}{\partial\boldsymbol{n}}=\sum\limits_m\left(\dfrac{v_i i_{\mathrm{loc}}}{nF}\right)_m-\dfrac{z_i u_{m,i}Fc_i}{\sigma_1}\left(\sigma_1\dfrac{\partial\phi_1}{\partial\boldsymbol{n}}\right)$

以上是在不考虑电极域的情况下计算域的控制方程和边界条件。在考虑电极域的情况下，电解液和电极之间的界面区不再是外部边界，而是计算域（电解液域+电极域）的内部边界条件。

下面以二次电流分布的电偶腐蚀为例，给出控制方程和边界条件。这里不考虑几何变形、溶解和沉积等其他因素，只研究物理场的数学模型，同时也不存在稀物质传递。具体情况如表 3-2 所示。

表 3-2 二次电流分布的电偶腐蚀的控制方程和边界条件

类型			流体（电解液）	固体（电极）
控制方程			$-\sigma_1\nabla^2\phi_1=Q_1$	$-\sigma_s\nabla^2\phi_s=Q_s$
边界条件	非界面区	一般情况	$\phi_1=\phi_0$ 或 $-\sigma_1\dfrac{\partial\phi_1}{\partial\boldsymbol{n}}=\boldsymbol{n}\cdot\boldsymbol{i}_{1,0}$	$\phi_s=\phi_0$ 或 $-\sigma_s\dfrac{\partial\phi_s}{\partial\boldsymbol{n}}=\boldsymbol{n}\cdot\boldsymbol{i}_{1,0}$
		两电极接触界面	—	$\phi_s=0$ （两电极接触界面上的电位为0，该电位为相对值）
	界面区（极化关系式不区分阴阳极）		$-\sigma_1\dfrac{\partial\phi_1}{\partial\boldsymbol{n}}=\sum\limits_m i_{\mathrm{loc},m}+i_{\mathrm{al}}$	$\sigma_s\dfrac{\partial\phi_s}{\partial\boldsymbol{n}}=\sum\limits_m i_{\mathrm{loc},m}+i_{\mathrm{al}}$

2. 有限体积-边界元耦合算法设计

（1）浓度扩散方程的有限体积法。

有限体积法（Finite Volume Method，FVM）又称为控制体积法（Control Volume Method，CVM），是 20 世纪中期逐步发展起来的一种数值计算方法。该方法是基于有限差分法并结合了有限元法的计算优点而形成的一种相对较好的数值计算方法。该方法的基本思路是将计算区域划分为相互连接的网格，并使每个网格节点周围有一个互不重复的控制单元，将待求解的微分方程（控制方程）对每个控制单元进行积分，从而得出一组离散方程。积分形式的有限体积法的物理意义明确，对网格质量的依赖程度相对较小，在很大程度上提高了 CFD（Computational Fluid Dynamics，计算流体动力学）处理复杂几何模型的能力。

根据控制单元的选取方式，可以将有限体积法分为格点形式的有限体积法与格心形式的有限体积法。与格点形式的有限体积法相比，格心形式的有限体积法在处理角点、壁面及交接面时具有一定的优势。图 3-9 所示为二维格心形式的控制单元示意图。这里将流动变量定义在网格单元的格心处，将其视为整个控制单元的平均值。在控制单元中通过高斯公式将无黏通量和黏性通量体积分转换为面积分，其他通量进行体积分，以实现空间离散化。

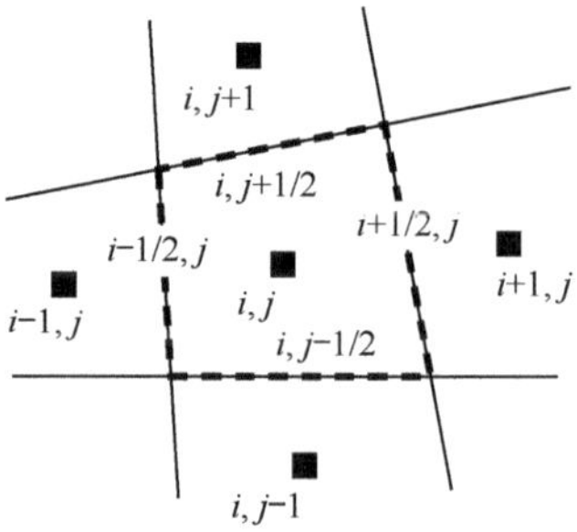

图 3-9　二维格心形式的控制单元示意图

在控制方程中，先构造一个被称为辅助体（Auxiliary Volume）的控制单元，以二维情况为例，如图 3-10 所示；然后利用以 $(i+1/2, j)$ 为中心的控制单元 $\Omega_{i+1/2,j}$ 的高斯公式，可得到偏导数的近似值：

$$\oint_{\Omega_{i+1/2,j}} \nabla \varphi \mathrm{d}\Omega = \oint_{\partial\Omega_{i+1/2,j}} \varphi \boldsymbol{n} \mathrm{d}S \tag{3-78}$$

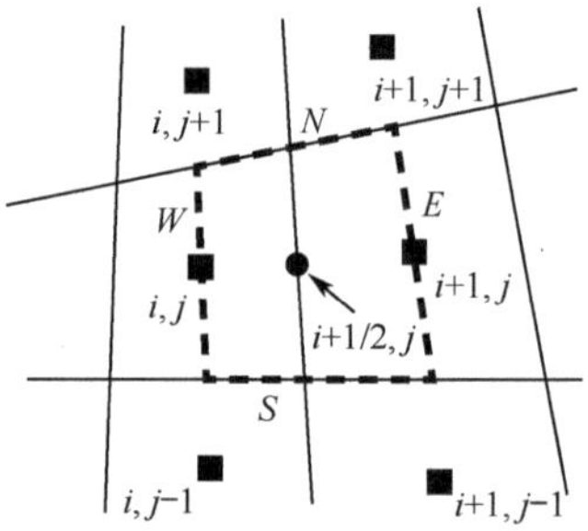

图 3-10　计算偏导数的控制单元（虚线）

假设控制单元内梯度均匀分布，则有

$$\nabla \varphi \approx \frac{1}{\Omega_{i+1/2,j}} \oint_{\partial\Omega_{i+1/2,j}} \varphi \boldsymbol{n} \mathrm{d}S \tag{3-79}$$

利用中点公式将积分展开，可得到偏导数值，即

$$\nabla \varphi \approx \frac{1}{\Omega_{i+1/2,j}} (\varphi \boldsymbol{n}_E S_E - \varphi \boldsymbol{n}_W S_W + \varphi \boldsymbol{n}_N S_N - \varphi \boldsymbol{n}_S S_S) \tag{3-80}$$

式中，φ 为前面指出的任意变量；下标 E、W、N、S 为控制单元 $\Omega_{i+1/2,j}$ 的四个单元界面。

在非定常浓度场的数值计算中，采用隐式 Runge-Kutta 时间格式。基本思路如下。

将传质方程转换为如下形式：

$$\frac{\partial \boldsymbol{c}}{\partial t}=R\left(t,\boldsymbol{c},\frac{\partial \boldsymbol{c}}{\partial x_i},\frac{\partial^2 \boldsymbol{c}}{\partial x_i^2}\right) \tag{3-81}$$

对式（3-81）采用 2 阶精度隐式 Runge-Kutta 方法可表示为

$$\begin{aligned}\delta\boldsymbol{c}_{i,j,k}^{n+1/2}&=R(\boldsymbol{c}_{i,j,k}^{n})\Delta t\\ \delta\boldsymbol{c}_{i,j,k}^{n+1}&=0.5R(\boldsymbol{c}_{i,j,k}^{n+1/2})\Delta t-0.5\delta\boldsymbol{c}_{i,j,k}^{n+1/2}\end{aligned} \tag{3-82}$$

式中，$\delta\boldsymbol{c}_{i,j,k}^{n+1/2}=\boldsymbol{c}_{i,j,k}^{n+1/2}-\boldsymbol{c}_{i,j,k}^{n}$；$\delta\boldsymbol{c}_{i,j,k}^{n+1}=\boldsymbol{c}_{i,j,k}^{n+1}-\boldsymbol{c}_{i,j,k}^{n+1/2}$。

（2）电场方程边界元法。

边界元法是基于有限元法的离散技术发展而来的数值计算方法，它用边界上的一系列节点代替整个求解区域，这样区域内的微分方程就转化为含有特定变量的代数方程组，求解便可得到目标变量值。边界元法的核心是问题的边界化。在求解时，不必考虑整个腐蚀区域，只需考虑该腐蚀区域边界上的变量。经过边界化，运用加权余量法可由区域内的微分方程推导出边界上的积分方程，其中积分区域只在整个腐蚀区域的边界上。边界元法将微分形式的区域求解转化为积分形式的区域求解。积分形式相对于微分形式的优点是维度低、离散简便、精度高。

① 边界积分形式。

边界上任意点（$p\in S$且为光滑点）解的积分形式为

$$\frac{1}{2}\varphi(p)=\int_S\tilde{G}(p,q)v(q)\mathrm{d}S_q-\int_S\tilde{v}(q)\varphi(q)\mathrm{d}S_q \tag{3-83}$$

② 边界离散化。

如图 3-11 所示，将边界剖分为一组单元，边界 S 满足：

$$S=\sum_{j=1}^{n}\Delta S_j \tag{3-84}$$

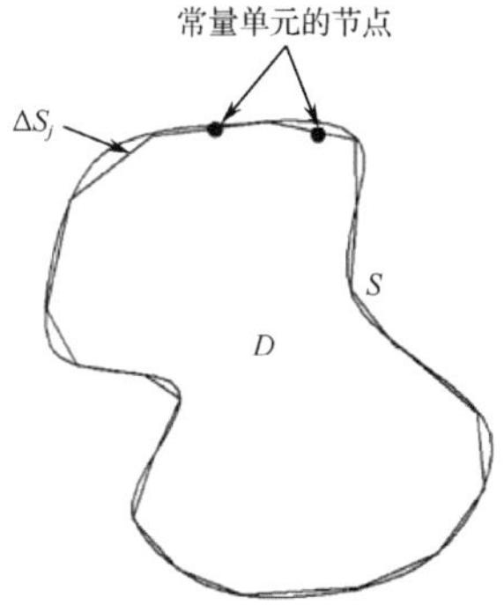

图 3-11　边界离散化

ΔS_j 可以为常量单元（只有一个节点在单元中间，单元上未知量为常量且等于单元中间节点上的值）、线性单元甚至高次单元。常量单元如图 3-12 所示。

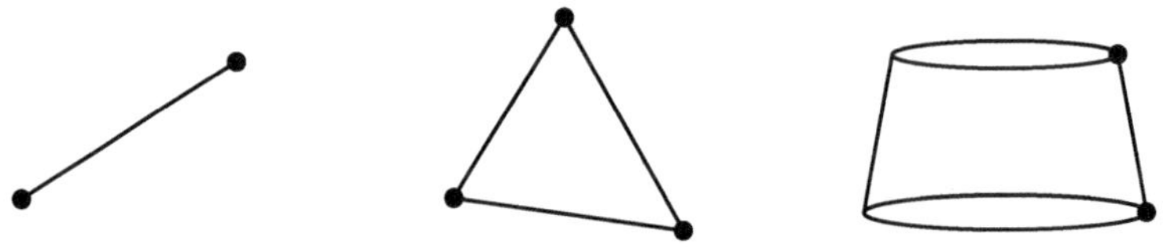

（a）直线单元（二维）　（b）三角形单元（三维）　（c）截锥体单元（轴对称）

图 3-12　常量单元

③ 积分方程。

区域内：

$$\varphi(p)=\{Lv\}_S(p)-\{M\varphi\}_S(p),\ p\in D \tag{3-85}$$

边界处：

$$\frac{1}{2}\varphi(p)=\{Lv\}_S(p)-\{M\varphi\}_S(p),\ p\in S\text{且为光滑点} \tag{3-86}$$

$$\{Le\}_{\Delta S_j}(p)=\int_{\Delta S_j}G(p,q)\mathrm{d}S_q \tag{3-87}$$

$$\{Me\}_{\Delta S_j}(p)=\int_{\Delta S_j}\frac{\partial G(p,q)}{\partial n_q}\mathrm{d}S_q \tag{3-88}$$

④ 积分方程的离散形式。

将微分方程转化为积分方程之后，下一步就要进行离散化。通过对由边界离散化得到的积分方程进行离散化，进一步将积分方程转化为方便求解的代数方程组：

$$\begin{cases}\{Lv\}_S(p)\approx\sum\limits_{j=1}^{n}v_j\{Le\}_{\Delta S_j}(p)=\sum\limits_{j=1}^{n}v_j\int_{\Delta S_j}G(p,q)\mathrm{d}S_q\\ \varphi(p)\approx\sum\limits_{j=1}^{n}v_j\{Le\}_{\Delta S_j}(p)-\sum\limits_{j=1}^{n}\varphi_j\{Me\}_{\Delta S_j}(p),\ p\in D\\ \{M\varphi\}_S(p)\approx\sum\limits_{j=1}^{n}\varphi_j\{Me\}_{\Delta S_j}(p)=\sum\limits_{j=1}^{n}\varphi_j\int_{\Delta S_j}\dfrac{\partial G(p,q)}{\partial n_q}\mathrm{d}S_q\\ \dfrac{1}{2}\varphi(p)\approx\sum\limits_{j=1}^{n}v_j\{Le\}_{\Delta S_j}(p)-\sum\limits_{j=1}^{n}\varphi_j(Me)_{\Delta S_j}(p),\ p\in S\text{且为光滑点}\end{cases} \tag{3-89}$$

将 p 分别取在各单元节点处，由式（3-89）可以得到一组离散方程，整理后可得

$$\sum_{j=1}^{n}\varphi_j\{Me\}_{\Delta S_j}(p_i)+\frac{1}{2}\varphi_i=\sum_{j=1}^{n}v_j\{Le\}_{\Delta S_j}(p_i),\ i=1,2,\cdots,n \tag{3-90}$$

式（3-90）就是对积分方程进行离散化得到的代数方程。

3．均匀/电偶腐蚀求解方法

代数方程组矩阵形式为

$$\left(\boldsymbol{M}+\frac{1}{2}\boldsymbol{I}\right)\boldsymbol{\varphi}=\frac{1}{\kappa}\boldsymbol{L}\boldsymbol{v} \tag{3-91}$$

式中，

$$\begin{aligned}&[\boldsymbol{M}]_{ij}=\{Me\}_{\Delta S_j}(p_i)，\ [\boldsymbol{L}]_{ij}=\{Le\}_{\Delta S_j}(p_i)\\&\boldsymbol{\varphi}=(\varphi_1,\varphi_2,\cdots,\varphi_i,\cdots,\varphi_n)^{\mathrm{T}}，\ \boldsymbol{v}=(v_1,v_2,\cdots,v_i,\cdots,v_n)^{\mathrm{T}}\end{aligned} \tag{3-92}$$

（1）线性边界条件。

$$\alpha_i\varphi_i+\beta_i v_i=f_i(p_i)，\ p_i\in S，\ i=1,2,\cdots,n \tag{3-93}$$

（2）非线性边界条件。

Tafel 公式和 Butler-Volmer 公式：

$$v_i=-\sigma_1\nabla_n\varphi_i=v_0\exp[-\mu\varphi_i+b_0] \tag{3-94}$$

极化拟合曲线或分段插值函数：

$$v_i=g(\varphi_i) \tag{3-95}$$

如果边界上的所有未知量 v_i 和 φ_i 均已得出，则可根据域内积分方程的离散形式，如式（3-96）：

$$\varphi_D=\frac{1}{\kappa}L_D v_S-M_D\varphi_S \tag{3-96}$$

得出域内任一点的解。

非线性边界问题采用 Newton-Raphson 方法处理。

第4章

装备电化学腐蚀仿真应用

将装备电化学腐蚀过程模拟在计算机上快捷实现，涉及腐蚀仿真软件的开发和应用，这是腐蚀仿真技术在装备研发阶段应用的重要支撑。本章在电化学腐蚀反应基础理论、电化学腐蚀仿真建模原理的基础上，进一步结合腐蚀仿真软件的应用特征，对装备电化学腐蚀仿真的软件实现过程进行描述，同时对腐蚀仿真技术的典型应用案例进行一定的分析。

4.1 电化学腐蚀数学模型与算法设计

电化学腐蚀过程的本质是短路原电池反应，是阳极反应（氧化反应）和阴极反应（还原反应）的耦合过程，该过程可以按照电偶（宏观电偶和微电偶）腐蚀过程进行。下面以电偶腐蚀为例，介绍电化学腐蚀数学模型的特征。

当异种电子导体材料处在同一电解液环境中并且相互接触时，由于腐蚀电位不同，因此异种电子导体材料之间的电位差会驱动电子从电位较低的材料（电偶对阳极）流向电位较高的材料（电偶对阴极），造成电偶对阳极材料的腐蚀加速，这一现象称为电偶腐蚀。电偶腐蚀原理示意图如图 4-1 所示，电位较低的材料 M_1 与电位较高的材料 M_2 接触后，二者电位会达到一致，M_1 处于阳极极化状态，阳极的溶解速率会增大，而 M_2 处于阴极极化状态，其表面主要发生阴极反应。在二者互相接触前，两种材料的腐蚀电位分别为 E_{corr1} 和 E_{corr2}，自腐蚀电流分别为 I_{corr1} 和 I_{corr2}（不考虑浓差极化）。将两种材料短接后，M_1 和 M_2 将极化至同一电位 E_{couple}，根据电化学腐蚀原理，M_1 作为阳极的电极反应电流密度 I_1 为

$$I_1 = I_{corr1}\left[\exp\left(\frac{E_{couple} - E_{corr1}}{\beta_{a1}}\right) - \exp\left(-\frac{E_{couple} - E_{corr1}}{\beta_{c1}}\right)\right] \tag{4-1}$$

式中，β_{a1}、β_{c1} 分别为 M_1 的阳极反应和阴极反应 Tafel 斜率。

M_2处于阴极极化状态，相应的电极反应电流密度可表示为

$$|I_2| = I_{corr2}\left[\exp\left(-\frac{E_{couple}-E_{corr2}}{\beta_{c2}}\right)-\exp\left(\frac{E_{couple}-E_{corr2}}{\beta_{a2}}\right)\right] \tag{4-2}$$

式中，β_{a2}、β_{c2}分别为M_2的阳极反应和阴极反应 Tafel 斜率。

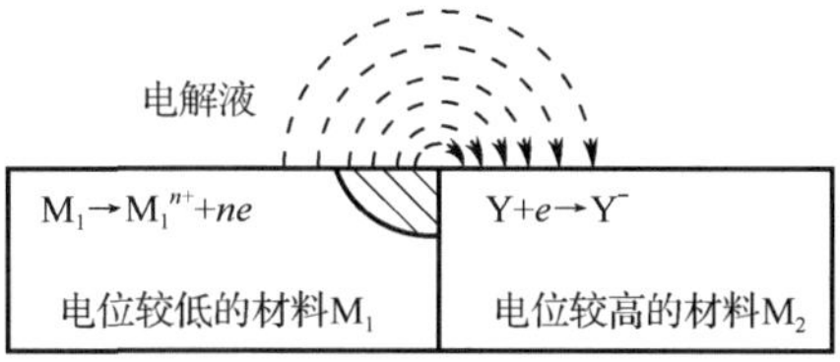

图 4-1　电偶腐蚀原理示意图

假设M_1和M_2同电解液接触的面积分别为A_1、A_2，则电偶对回路中流过的电流大小i_{couple}可表示为

$$i_{couple} = I_1 A_1 = |I_2| A_2 \tag{4-3}$$

结合式（4-1）～式（4-3），若忽略电偶阳极上的阴极反应过程及电偶阴极上的阳极反应过程，则可以得到电偶对阳极材料M_1在电接触后表示阳极溶解速率的I_{a1}，其计算公式为

$$\ln I_{a1} = \frac{E_{corr1}-E_{corr2}}{\beta_{a1}+\beta_{c2}} + \frac{\beta_{a1}}{\beta_{a1}+\beta_{c2}} I_{corr1} + \frac{\beta_{c2}}{\beta_{a1}+\beta_{c2}} I_{corr2} + \frac{\beta_{c2}}{\beta_{a1}+\beta_{c2}} \ln\frac{A_2}{A_1} \tag{4-4}$$

图 4-2 所示为电偶腐蚀原理。假设金属 I 是高电位金属（阴极），金属 II 是低电位金属（阳极）。由于阳极和阴极通过导线连接后构成腐蚀原电池，因此金属 II 向金属 I 提供电子，使金属 I 产生阴极极化，表面电位和电极反应发生变化。在电偶作用下，金属 I（阴极）表面主要发生还原反应（以氧还原为例），金属 II（阳极）表面主要发生金属溶解的氧化反应。

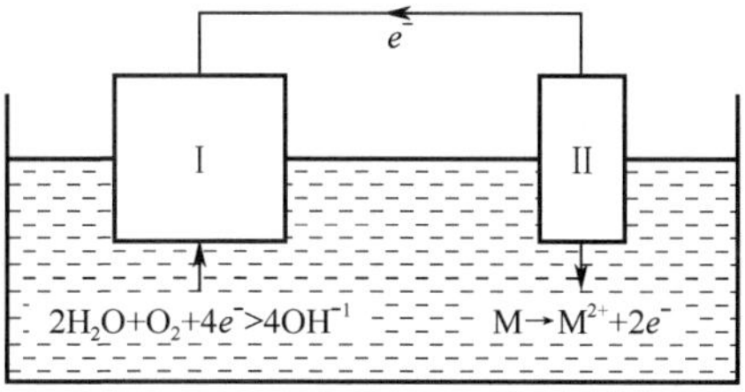

图 4-2　电偶腐蚀原理

电偶作用的强度，或者说电极表面反应的速度，与耦接后的电极电位密切相关，这需要通过实际测量来确定。当金属几何尺寸较小、形状简单时，测量不成问题；当金属几何尺寸较大、形状复杂时，测量就变得十分困难，有时甚至无法测量，此时采用计算机模拟，通过一定的计算方法得到表面电位分布，就显得尤其重要。进

行计算机模拟的第一步就是构建这一现象的数学模型。

以电解液为研究对象，将它单独提取出来。如图 4-3 所示，除去阳极与阴极后的电解液域被边界包围着，这些边界分为几种情况：①阳极和阴极与电解液接触时形成的接触边界，即 Γ_{anode} 和 Γ_{cathode}，在这些边界上电势与电流密度存在一定的关系，其关系可由极化曲线确定；②其他边界，即图 4-3 中的细线所描绘的边界 Γ_{ins}，该边界处于绝缘状态。

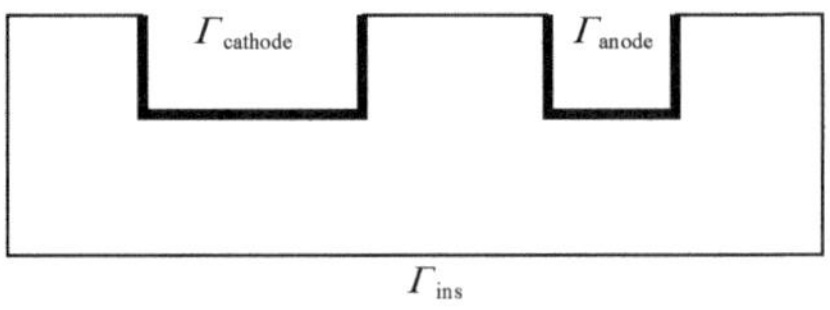

图 4-3　电偶腐蚀模型的边界

当电解液中的电流流动处于稳定状态时，电解液域等同于静电场，可以先应用静电场理论对电解液域建立控制方程，然后求解这个方程，这样即可得到电解液域及边界上的电位分布，从而判断金属表面（此处的 Γ_{cathode}）保护电位分布是否均匀，以此来评估电偶腐蚀的强度。

电解液是整个导电回路的一部分，当形成稳定的电流流动时，其电势分布由麦克斯韦（Maxwell）方程确定：

$$\begin{gathered}\nabla\times\boldsymbol{E}=-\frac{\partial\boldsymbol{B}}{\partial t}\\ \nabla\cdot\boldsymbol{D}=\rho\end{gathered}\tag{4-5}$$

式中，$\boldsymbol{E}$ 为电场强度矢量；$\boldsymbol{B}$ 为磁通密度矢量；$\boldsymbol{D}$ 为电位移矢量；ρ 为区域内的电荷面密度。

除此之外，各物理量受物质结构特性制约，而且存在着本构关系：

$$\begin{cases}\boldsymbol{D}=\varepsilon\boldsymbol{E}\\ \boldsymbol{J}=\sigma\boldsymbol{E}\end{cases}\tag{4-6}$$

式中，$\boldsymbol{J}$ 为电流密度；σ 为电解液电导率；ε 为电解液介电常数。

由于这里只讨论静态情况，而且不涉及磁场，因此有

$$\frac{\partial\boldsymbol{B}}{\partial t}=\mathbf{0}\tag{4-7}$$

于是式（4-5）中第一个公式变为

$$\begin{bmatrix}k\iint\limits_{\Omega_e}\frac{\partial N_1}{\partial y}\frac{\partial v_1}{\partial y}\mathrm{d}\Omega & k\iint\limits_{\Omega_e}\frac{\partial N_2}{\partial y}\frac{\partial v_1}{\partial y}\mathrm{d}\Omega & k\iint\limits_{\Omega_e}\frac{\partial N_3}{\partial y}\frac{\partial v_1}{\partial y}\mathrm{d}\Omega & k\iint\limits_{\Omega_e}\frac{\partial N_4}{\partial y}\frac{\partial v_1}{\partial y}\mathrm{d}\Omega\end{bmatrix}\begin{bmatrix}T_1\\T_2\\T_3\\T_4\end{bmatrix}\tag{4-8}$$

即静电场场强的旋度为零，可以把它表示成某个量的梯度，这个量就是电势：

$$\nabla \times \boldsymbol{E} = \boldsymbol{0} \Rightarrow \boldsymbol{E} = -\text{grad}(\varphi) \tag{4-9}$$

在二维情况下：

$$\boldsymbol{E} = -\text{grad}(\varphi) = -\frac{\partial \varphi}{\partial x}\boldsymbol{i} - \frac{\partial \varphi}{\partial y}\boldsymbol{j} \tag{4-10}$$

将式（4-6）中的$\boldsymbol{D} = \varepsilon \boldsymbol{E}$代入式（4-5）中的$\nabla \cdot \boldsymbol{D} = \rho$，可得

$$\frac{\partial^2 \varphi}{\partial x^2} + \frac{\partial^2 \varphi}{\partial y^2} + \frac{\rho}{\varepsilon} = 0 \tag{4-11}$$

这就是静电场电势所满足的泊松（Possion）方程。式（4-11）中，ρ为区域内的电荷面密度。在这里ρ=0，于是式（4-11）就变成拉普拉斯方程：

$$\frac{\partial^2 \varphi}{\partial x^2} + \frac{\partial^2 \varphi}{\partial y^2} = 0 \tag{4-12}$$

这就是电偶腐蚀过程中电解液域的控制方程。式（4-12）中，φ为整个电解液域（包括边界）的电势分布。

在对式（4-12）进行求解之前，还需要加上边界条件，否则式（4-12）无解。在边界$\varGamma_{\text{anode}}$、$\varGamma_{\text{cathode}}$和$\varGamma_{\text{ins}}$上，边界条件如下：

$$\begin{cases} J_{\text{a}} = f_{\text{a}}(\varphi), & \varGamma \in \varGamma_{\text{anode}} \\ J_{\text{c}} = f_{\text{c}}(\varphi), & \varGamma \in \varGamma_{\text{cathode}} \\ J_{\text{ins}} = 0, & \varGamma \in \varGamma_{\text{ins}} \end{cases} \tag{4-13}$$

式中，$f_{\text{a}}(\varphi)$、$f_{\text{c}}(\varphi)$分别为牺牲阳极和阴极电解液界面上电流密度与电势的关系函数，即所谓的极化曲线，可通过实验测出，也可以通过理论公式来确定，如Butler-Volmer公式、Tafel公式等。

根据式（4-10）、式（4-12）可得到边界上电流密度与电势的关系：$J = -\sigma\dfrac{\partial \varphi}{\partial n}$。将其代入式（4-13），边界条件最终变为

$$\begin{cases} \dfrac{\partial \varphi}{\partial n} = -\dfrac{f_{\text{a}}(\varphi)}{\sigma}, & \varGamma \in \varGamma_{\text{anode}} \\ \dfrac{\partial \varphi}{\partial n} = -\dfrac{f_{\text{c}}(\varphi)}{\sigma}, & \varGamma \in \varGamma_{\text{cathode}} \\ \dfrac{\partial \varphi}{\partial n} = 0, & \varGamma \in \varGamma_{\text{ins}} \end{cases} \tag{4-14}$$

根据上述边界条件求解式（4-12），理论上可得到电解液域的电势分布，自然也可得到阴极表面（图4-3中的$\varGamma_{\text{cathode}}$）的电势分布。根据电势分布可以判断电极表面哪些部位腐蚀速度快，哪些部位腐蚀速度慢。在实际应用中，由于构件形状往往很复杂、尺寸很大，很难通过式（4-14）得到解析解，因此必须采用数值解法，常用的数值解法有有限差分法、有限元法和边界元法。

4.2 电化学腐蚀仿真软件计算流程

根据仿真计算流程可知，电化学腐蚀仿真典型的操作流程为模型创建、环境条件定义、材料设置、腐蚀模型设置、模型求解、仿真结果。

模型创建：模型创建是仿真计算的第一步，主要完成模型的命名及工程路径的创建；通过导入主流 CAD 文件为仿真计算提供几何模型和网格模型并进行展示。

环境条件定义：通过实测的温度、湿度和酸性离子浓度等历史环境数据，解析出电化学腐蚀仿真所需的液膜厚度、pH、氧扩散系数和电导率这 4 个参数。

材料设置：定义仿真计算所涉及的材料，并对材料的基本物性参数和相关腐蚀动力学参数进行定义，包括极化曲线解析、Tafel 公式、Butler-Volmer 公式。

腐蚀模型设置：根据实际现象选择电偶腐蚀或均匀腐蚀等腐蚀类型，对阴极反应、阳极反应进行参数定义。

模型求解：选择时间模式，进行电场方程离散设置、并行计算设置和高级计算设置等，单击“开始计算”按钮，进行腐蚀仿真计算。

仿真结果：查看仿真结果文件。

下面结合某腐蚀仿真软件，对上述操作流程进行详细介绍。

4.2.1 模型创建

模型创建是进行仿真计算的基础。在本软件中，模型创建主要包括新建工程、创建几何模型、创建网格模型。模型创建页面如图 4-4 所示。

图 4-4 模型创建页面

本软件的模型创建部分还具有几何模型和网格模型的导入与展示功能，支持导入二维或三维几何模型和网格模型，支持常见的通用几何和网格格式文件。单击“浏览”按钮，选择需要进行仿真计算的几何模型，单击“确定”按钮后，即可在页面右侧的图形展示区展示导入的几何模型，如图 4-5 所示。

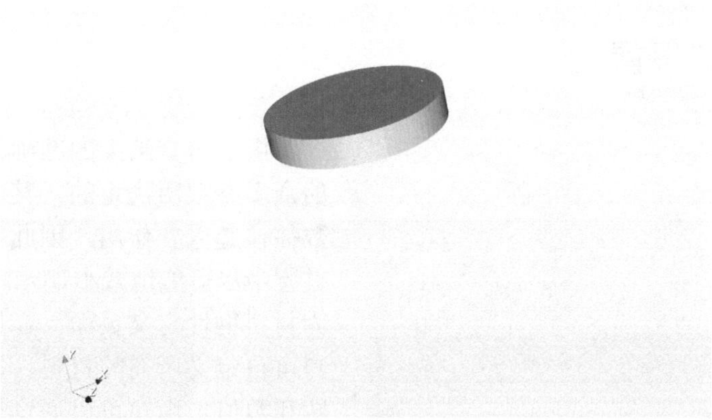

图 4-5　几何模型

4.2.2　环境条件定义

环境条件定义是通过实测的历史环境数据，解析出液膜厚度、pH、氧扩散系数和电导率这 4 个参数的过程。图 4-6 所示为环境条件定义页面。通过选择一定时间段内的环境原始数据，并单击“开始解析”按钮，即可得出该时间段内这 4 个参数的具体数值，并在页面右侧的图形展示区分别对其进行可视化展示。

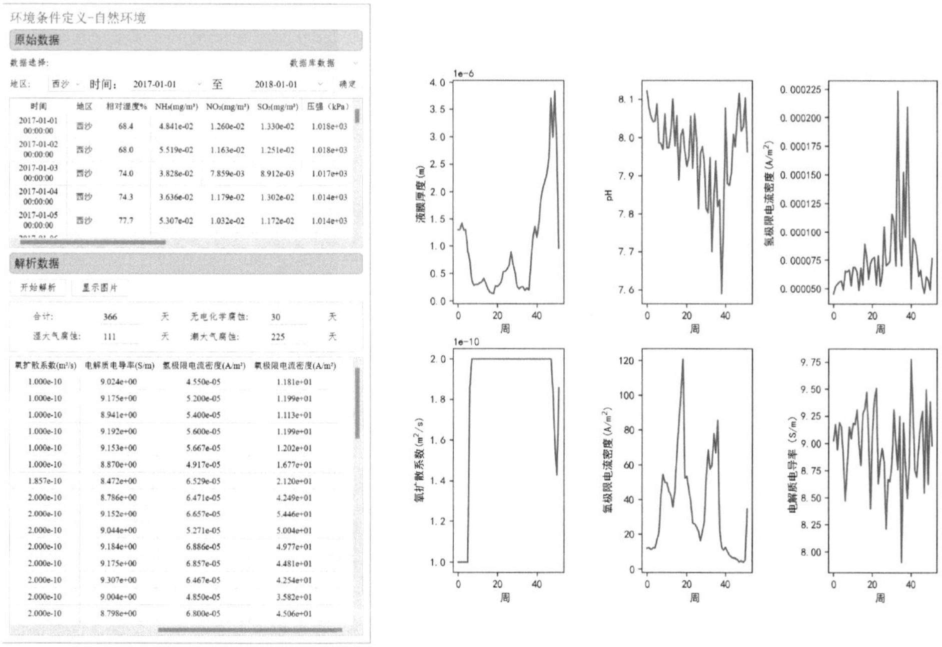

图 4-6　环境条件定义页面

4.2.3 材料设置

均匀腐蚀电极材料设置
材料选择： Fe
名称
值
单位
指标说明
σ
10968000
S/m
电极电导率
ρ
7855
kg/m³
密度
M
56
g/mol
摩尔质量
腐蚀动力学设置
数据来源
极化曲线解析
Tafel公式
Butler-Volmer公式

图 4-7 材料物性定义页面

由于仿真结果的准确性是由所输入的众多参数所决定的，其中材料物性参数往往起重要作用，因此需要在输入的过程中尽可能地减小误差。图 4-7 所示为材料物性定义页面。在该页面中，用户可自定义所需的材料，以及对应的参数和数值。用户可以通过设置极化曲线解析、Tafel 公式、Butler-Volmer 公式来进行腐蚀动力学设置。

极化曲线解析是指根据实验极化曲线数据进行解析，在电化学腐蚀过程基元反应动力学控制方程的基础上，将实验测得的表观极化曲线拆解，得到阴极反应、阳极反应的真实极化曲线，以此作为腐蚀仿真计算的边界条件，使仿真计算的结果更加精确。

图 4-8 所示为极化曲线解析页面。通过选择相应的实验极化曲线数据和解析所需的参数，以及阴极和阳极对应的极化类型，并单击“解析数据”按钮，即可得到解析后的阴极和阳极极化曲线，并在页面右侧的图形展示区展示解析结果。Tafel 公式、Butler-Volmer 公式页面如图 4-9 所示。

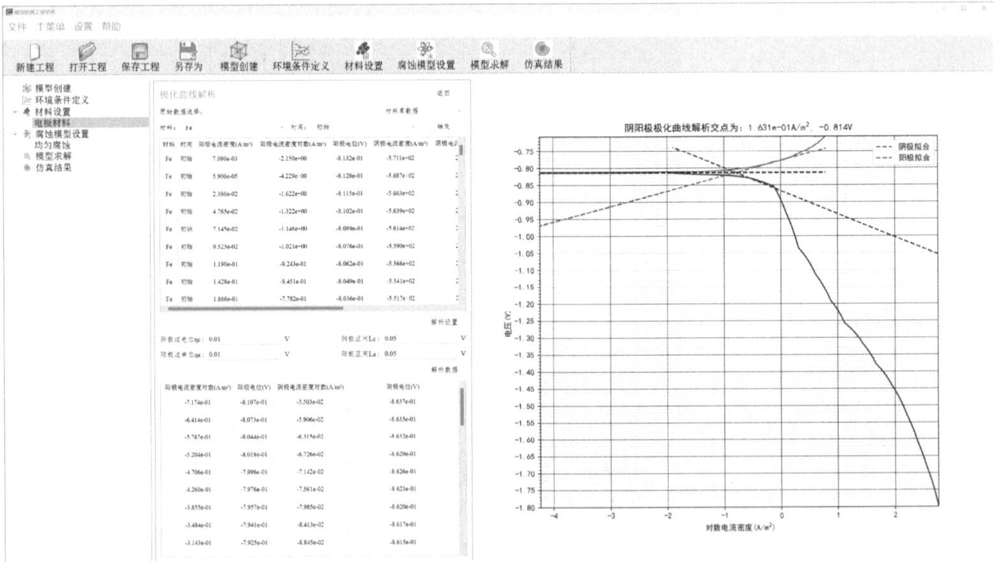

图 4-8 极化曲线解析页面

图 4-9　Tafel 公式、Butler-Volmer 公式页面

4.2.4　腐蚀模型设置

本软件目前涉及电偶腐蚀和均匀腐蚀两种腐蚀类型，由于其对应的设置不同，因此需要对腐蚀模型进行分类。图 4-10 所示为腐蚀类型选择页面。

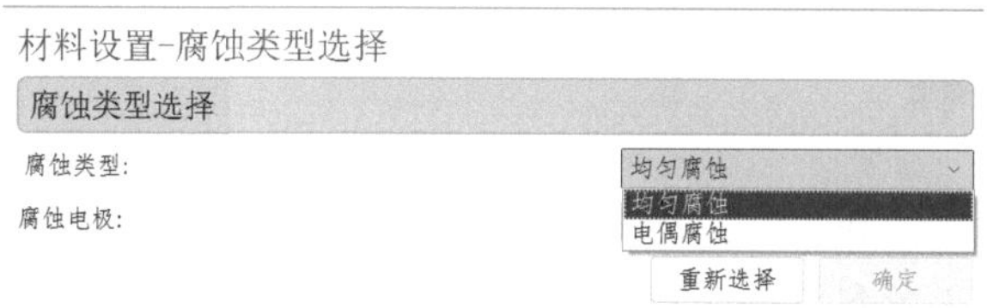

图 4-10　腐蚀类型选择页面

1. 电偶腐蚀

电偶腐蚀是指金属的腐蚀电位不同导致同一导电介质中不同金属接触处发生的电化学局部腐蚀。电偶腐蚀又称为接触腐蚀或双金属腐蚀。根据电偶腐蚀所涉及的腐蚀原理进行相关设置，如图 4-11 所示。

2. 均匀腐蚀

均匀腐蚀是指腐蚀发生在整个金属材料的表面，其结果是金属表面均匀减薄。从电化学特点上来看，均匀腐蚀属于微电池效应，在腐蚀过程中没有固定的阴极和阳极，即阴极和阳极在腐蚀过程中是交替变化的。均匀腐蚀主要需要设置自腐蚀电流密度、自腐蚀电位，如图 4-12 所示。

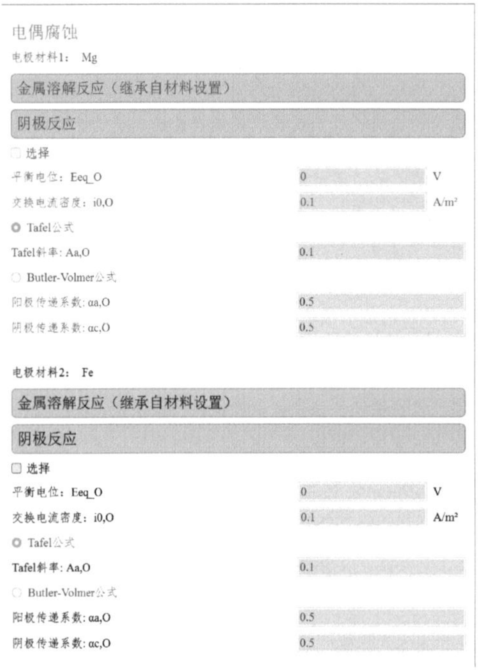

图 4-11　电偶腐蚀相关设置内容

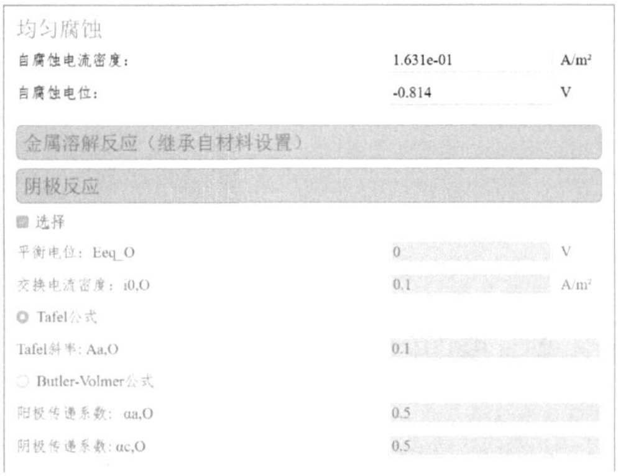

图 4-12　均匀腐蚀相关设置内容

4.2.5　模型求解

完成上述的模型创建、环境条件定义、材料设置、腐蚀模型设置后，需要进行模型求解。求解器设置包括选用稳态或瞬态求解方程、仿真区域内的电场方程离散和时间离散方法设置、是否启用并行计算等。求解器设置页面如图 4-13 所示。设置完成后，单击“开始计算”按钮，即可进行腐蚀仿真计算。

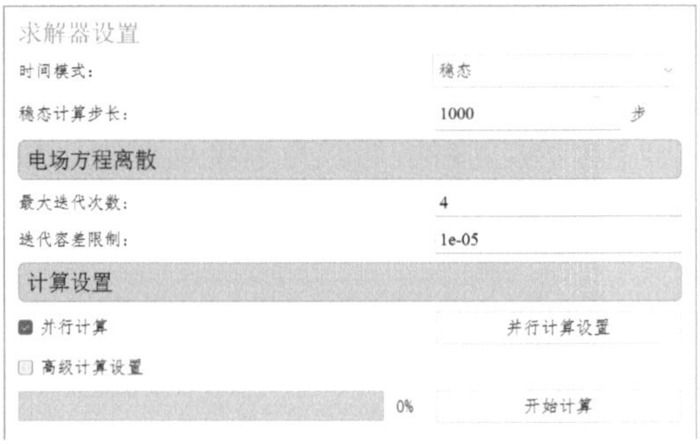

图 4-13　求解器设置页面

4.2.6 仿真结果

腐蚀仿真计算完成后，选择所需展示的云图，单击“显示结果”按钮，即可在页面右侧的图形展示区进行仿真结果的展示，如图 4-14 所示。

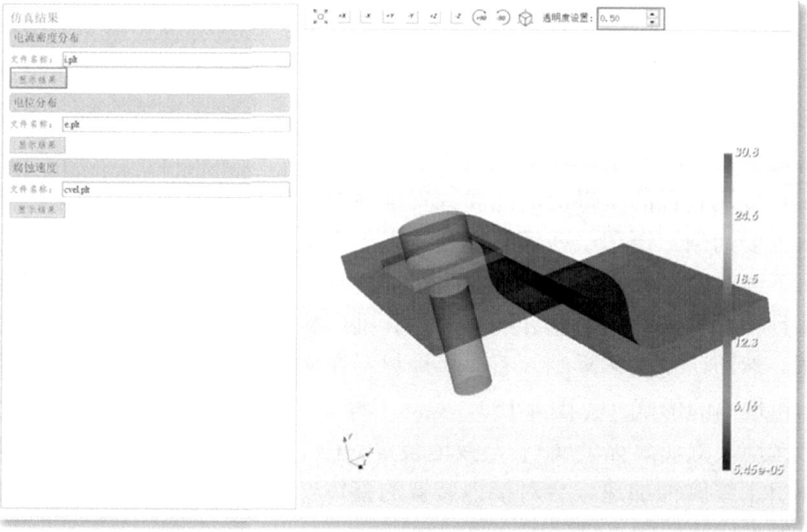

（a）电流密度云图

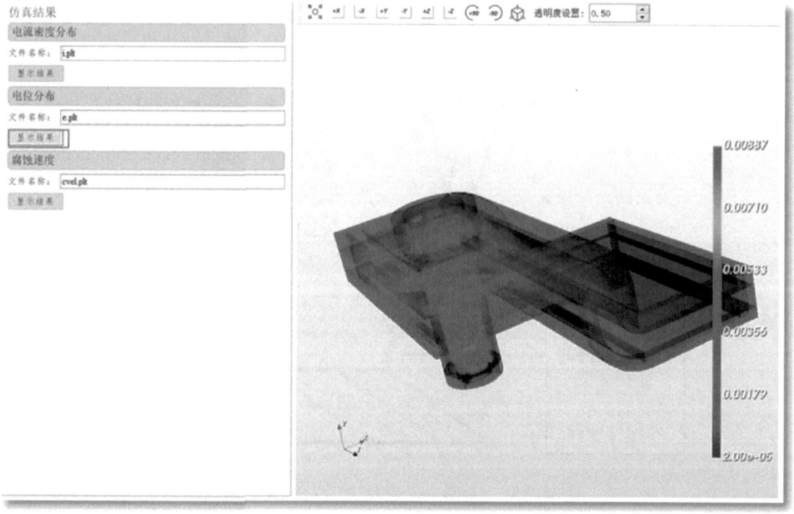

（b）电位分布云图

图 4-14　仿真结果示意图

4.3 装备电化学腐蚀仿真的工程应用

4.3.1 土壤环境下石墨接地网与金属构件的电偶腐蚀仿真研究

电力系统的安全可靠关乎社会稳定和经济发展。接地装置是电力系统中故障电流、雷电流的泄放通道，是保障电力系统稳定运行的关键设施，一般由接地网和引下线两部分组成。由于接地装置是埋地设施，长期在土壤环境下服役，因此发生腐蚀是不可避免的。随着全球能源互联网的不断发展，特别是近年来特高压输电工程的发展，对接地装置的全寿命周期腐蚀安全性的要求越来越高。目前，我国接地装置的材料主要为钢、铜和一些镀层合金。由于土壤环境的复杂性导致金属材质的接地网和引下线的腐蚀问题突出，因此耐腐蚀且导电性良好的石墨接地材料成为研究热点，并且在我国部分地区已开展应用，其推广应用有望彻底解决金属接地材料的腐蚀问题。然而，受工艺限制，石墨接地材料在应用时只能采取金属作为引下线、石墨作为接地网的形式（见图 4-15）。实际工程显示，“金属引下线-石墨接地网”形式的复合接地装置（简称金属-石墨接地装置）在土壤环境下存在显著的电偶腐蚀现象，金属引下线腐蚀加速，会对接地装置的整体安全性造成不利影响，这是制约石墨接地材料推广应用的关键问题，亟须解决。

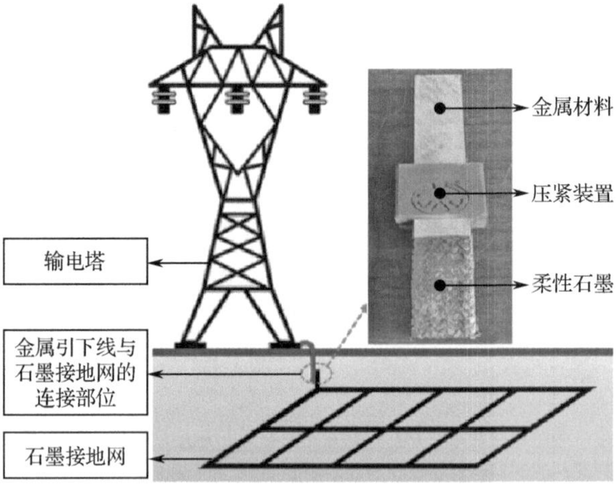

图 4-15 金属-石墨接地装置示意图

针对当前石墨接地材料工程应用中存在的土壤环境下的电偶腐蚀问题，研究者结合模拟腐蚀试验和多物理场仿真，评估土壤环境下石墨与常用金属接地材料之间的电偶腐蚀风险，旨在揭示石墨接地网与金属构件的电偶腐蚀机制和环境影响因素，提出相应的腐蚀控制措施，为土壤环境下石墨接地材料的推广应用提供理论依据和技术支撑。

采用 COMSOL Multiphysics 软件对复杂接地网的整体电偶腐蚀程度和作用范围进行分析与评估，边界参数由电化学测试中的极化曲线测试获得，电导率依据调研得出的不同地区的土壤理化性质（见表 4-1）进行选取。对于钝性金属，如铜合金、不锈钢，直接将极化曲线数据导入软件进行模拟；对于石墨与活性金属，如碳钢、镀锌钢，直接导入非线性极化曲线数据将增大计算量，为了提高计算效率，先采用自腐蚀电流与自腐蚀电位借助线性 Butler-Volmer 公式的形式进行模拟，然后调整边界参数进行计算，分别从电位差与介质电导率两个方面对石墨与金属之间的电偶腐蚀程度和作用范围进行研究。

表 4-1 不同地区的土壤理化性质

序号	土壤类型	电导率/（S/m）	pH	含盐量
1	鹰潭土壤	约 1×10^{-3}	4.6	0.0129%
2	广州土壤	2.38×10^{-3}	6.4	0.0144%
3	深圳土壤	2.51×10^{-3}	5.7	0.0181%
4	大庆土壤	1.96×10^{-3}	9.8	0.2144%
5	沈阳土壤	3.04×10^{-2}	6.6	0.0446%
6	成都土壤	8.85×10^{-2}	7.4	0.0467%
7	新疆土壤	2.53×10^{-2}	8.5	0.7828%
8	河南土壤	2.6×10^{-2}	5.7	0.0446%
9	大港土壤	3.57	7.8	2.8025%

仿真计算的几何模型根据金属-石墨接地装置的简化模型构建，如图 4-16（a）所示。所构建的模型包含 5 个域、53 个边界、112 条边及 66 个顶点，使用软件内置的网格划分工具对模型采用四面体网格进行极细化（网格单元最大尺寸为 30mm，最小尺寸为 0.3mm）剖分，网格包含 3 064 677 个域单元、132 750 个边界元和 7054 个边单元，如图 4-16（b）所示。

腐蚀仿真边界参数如表 4-2 所示。

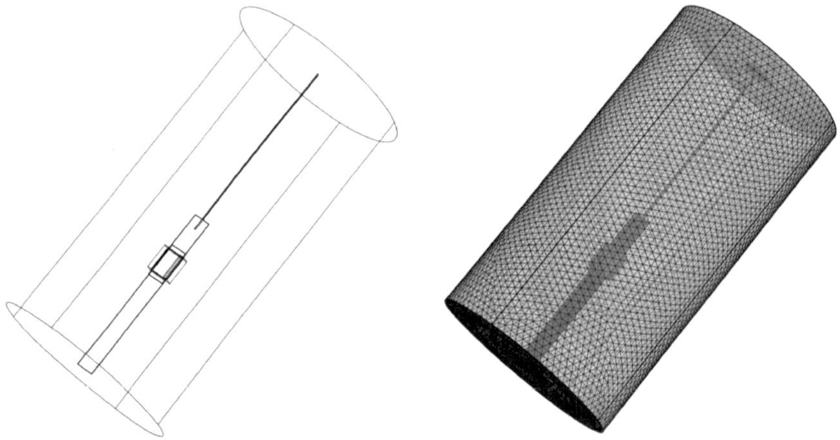

（a）　　　　（b）

图 4-16　金属-石墨接地装置的简化模型

表 4-2　腐蚀仿真边界参数

名　称	值	说　明
E_Fe	−915mV	土壤环境下碳钢的自腐蚀电位
i_Fe	3.33×10^{-6}A/cm^2	土壤环境下碳钢的自腐蚀电流密度
E_Zn	−943mV	土壤环境下镀锌钢的自腐蚀电位
i_Zn	6.93×10^{-5}A/cm^2	土壤环境下镀锌钢的自腐蚀电流密度
E_C	−53mV	土壤环境下石墨的自腐蚀电位
i_C	8.91×10^{-8}A/cm^2	土壤环境下石墨的自腐蚀电流密度
intCu（-pHil）	插值数据（导入的极化曲线数据）	土壤环境下铜合金的腐蚀电流密度
int304（pHil）		土壤环境下不锈钢的腐蚀电流密度

为了更高效地评估金属-石墨接地装置的电偶腐蚀程度和作用范围，采用具有代表性的、电导率为 2.38×10^{-3}S/m（广州土壤）的环境进行模拟。广州土壤环境下 4 种金属与石墨构成的接地装置的腐蚀电流密度分布如图 4-17 所示。从图 4-17（a）中可以看出，当采用碳钢作为金属端时，与压紧装置石墨端相接的碳钢、金属板边缘及金属圆管部位有较高的腐蚀风险，而金属板中央的腐蚀电流密度仅为 0.01A/m^2 左右，石墨的腐蚀电流密度小于 0.03A/m^2。广州土壤环境下 4 种金属与石墨构成的接地装置的腐蚀电位分布如图 4-18 所示。从图 4-18（a）中可以看出，碳钢的腐蚀电位小于−0.9V，石墨的腐蚀电位为−0.25V 左右，仅在压紧装置附近与碳钢接触部位有明显受其影响的趋势，甚至出现腐蚀电位小于−0.6V 的区域。

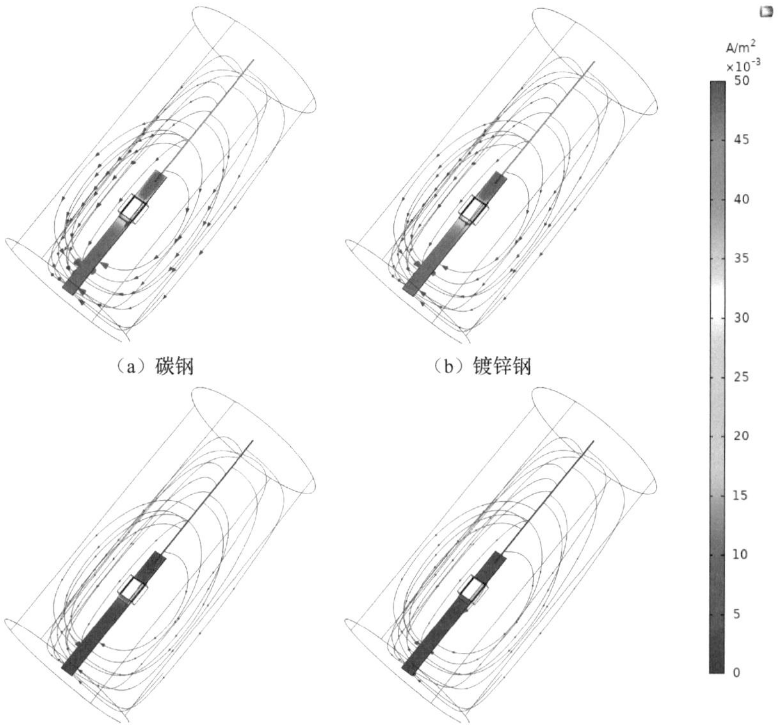

（a）碳钢　　（b）镀锌钢

（c）铜合金　　（d）不锈钢

图 4-17　广州土壤环境下 4 种金属与石墨构成的接地装置的腐蚀电流密度分布

从图 4-17（b）中可以看出，同样是金属端与压紧装置石墨端相接的镀锌钢、金属板边缘及金属圆管部位有较高的腐蚀风险，金属板中央的腐蚀电流密度同样为 $0.01A/m^2$ 左右，石墨的腐蚀电流密度也小于 $0.03A/m^2$。从图 4-18（b）中可以看出，镀锌钢的腐蚀电位小于-0.9V，石墨的腐蚀电位为-0.25V 左右，仅在压紧装置附近与镀锌钢接触部位有明显受其影响的趋势，甚至出现腐蚀电位小于-0.6V 的区域，即基本趋势与碳钢一致。

从图 4-17（c）中可以看出，由于铜合金存在钝化膜，因此在维钝电流密度限制下，铜合金整体的腐蚀电流密度为 $0.04A/m^2$ 左右且较为均衡，并没有出现突跃现象，石墨的腐蚀电流密度则更小，小于 $0.001A/m^2$。从图 4-18（c）中可以看出，铜合金的腐蚀电位为-0.25V 左右，石墨的腐蚀电位为-0.1V 左右。

从图 4-17（d）中可以看出，采用不锈钢与采用铜合金的情况类似，只是维钝电流密度变小，使不锈钢整体的腐蚀电流密度较为均匀且为 $5mA/m^2$ 左右，石墨的腐蚀电流密度相应地小于 $0.5mA/m^2$。从图 4-17（d）中可以看出，不锈钢的腐蚀电位大于-0.2V，石墨的腐蚀电位为-0.1V 左右。

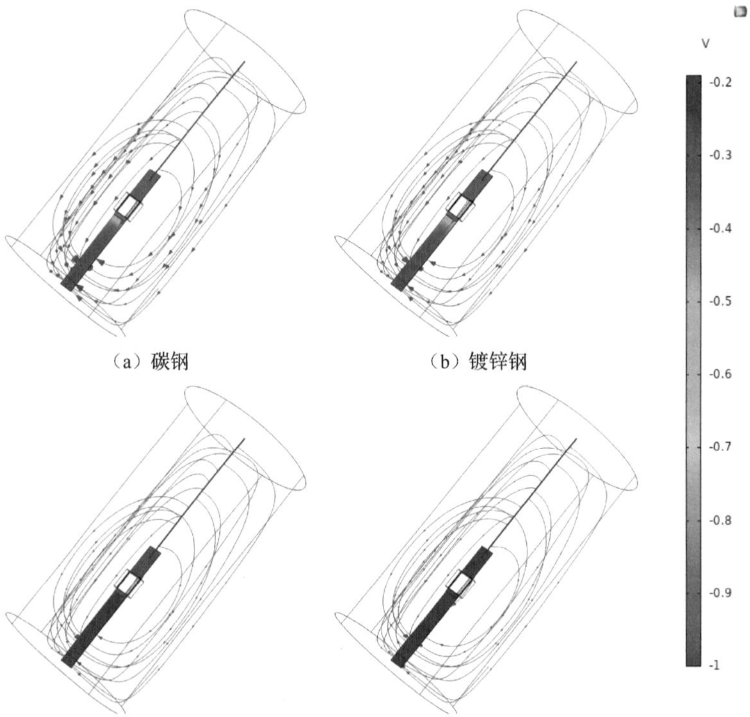

（a）碳钢　（b）镀锌钢

（c）铜合金　（d）不锈钢

图 4-18　广州土壤环境下 4 种金属与石墨构成的接地装置的腐蚀电位分布

为了使数据可视化，分别在金属板与金属圆管部位纵向截取一条线段（红线），其腐蚀电流密度沿长度方向的分布如图 4-19 所示。从图 4-19 中可以看出，对于金属板部位，广州土壤环境下不锈钢的电流密度基本保持恒定，不随到端部的距离变化而变化。碳钢、镀锌钢与铜合金就整体而言，随着到端部的距离增加，电流密度下降。其中，在 0～40mm 处，碳钢、镀锌钢的电流密度出现较大降幅，铜合金的电流密度也稳步下降，这是距与石墨重叠处最近的部位；在 40～160mm 处，碳钢、镀锌钢与铜合金的电流密度降幅较为平缓且稳定；在靠近与金属圆管相接处，即 160～165mm 处，碳钢、镀锌钢与铜合金的电流密度出现反常上升现象；在 165～170mm 处，碳钢、镀锌钢与铜合金的电流密度有较大上升趋势。

从图 4-20 中可以看出，对于金属圆管部位，广州土壤环境下不锈钢的电流密度基本保持恒定，不随到端部的距离变化而变化，这与金属板部位相似。碳钢、镀锌钢与铜合金就整体而言，随着到端部的距离增加，电流密度下降，这是由于金属圆管前段与金属板相接，电偶电场线被分散从而使电流密度下降。其中，在 0～50mm 处，碳钢、镀锌钢与铜合金的电流密度基本保持恒定；在 50～120mm 处，碳钢与镀锌钢的电流密度出现显著上升趋势，铜合金的电流密度也有明显上升现象，三者都在 120mm 处达到最大值。从图 4-20 中可以看出，在 120mm 处，碳钢的电流密度为 0.025 41A/m^2，镀锌钢的电流密度为 0.027 48A/m^2，铜合金的电流密度为 0.006 97A/m^2，不锈钢的电流密度为 0.003 35A/m^2。在 120～800mm 处，碳钢、镀锌钢与铜合金的电流密度稳定下降，表明石墨对其的作用开始减弱。

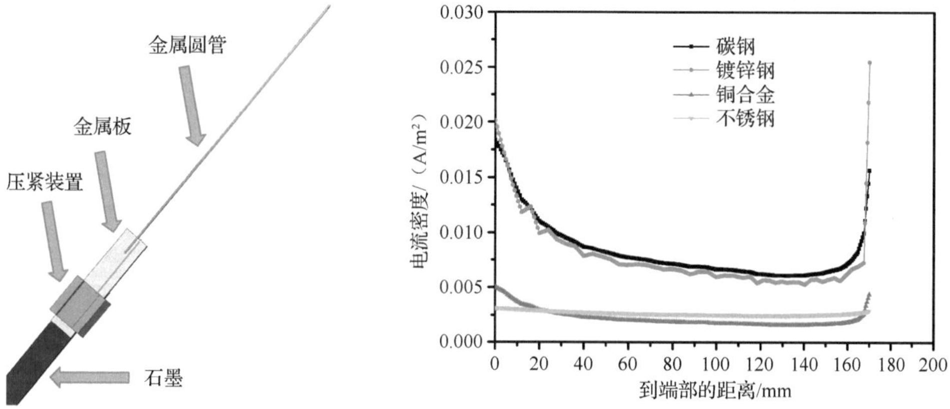

（a）　　（b）

图 4-19　广州土壤环境下不同金属与石墨金属板连接处的电流密度分布

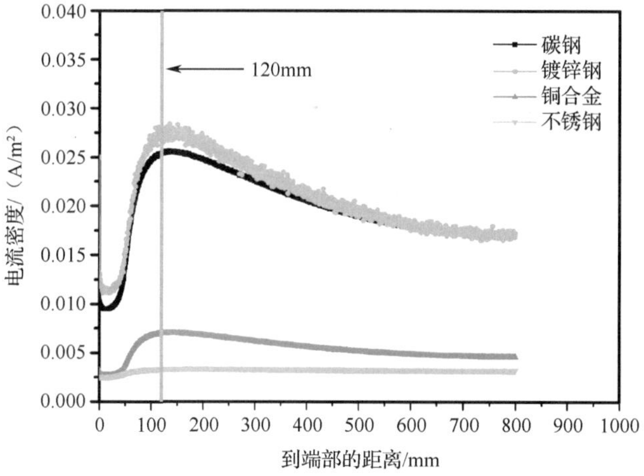

图 4-20　广州土壤环境下不同金属与石墨金属圆管连接处的电流密度分布

河南土壤环境下镀锌钢-石墨接地装置一个月实际腐蚀形貌图及模拟腐蚀电流密度分布如图 4-21 所示。从腐蚀形貌图中可以看出，红框区域（金属端与压紧装置石墨端相接部位）、紫框区域（金属板边缘）、蓝框区域（金属圆管端）都出现了明显的腐蚀现象。同时，模拟图中对应区域的电流密度都较大，具有腐蚀风险，两相比较也能印证仿真结果的准确性。

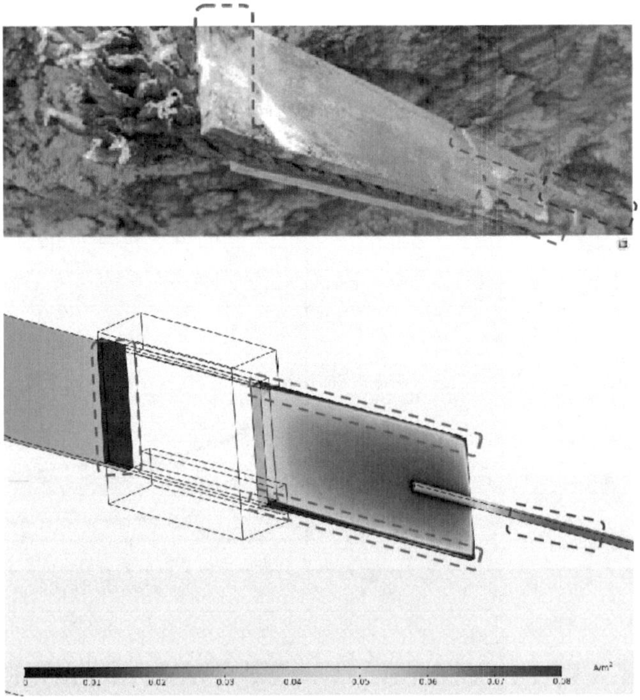

图 4-21　河南土壤环境下镀锌钢-石墨接地装置一个月实际腐蚀形貌图及模拟腐蚀电流密度分布

4.3.2　大气环境下压力容器电偶腐蚀风险评估

大气腐蚀是一种电化学现象，当金属与电解质（如湿空气、雨水）接触时就会发生。随着时间的推移，即使是很薄的一层水膜也足以对构件造成很大的破坏，而金属搭接部位最容易出现生锈现象。造成大气腐蚀的因素包括城市中的空气污染和海洋中的盐雾环境等。

减弱大气腐蚀通常采用阴极保护方法。与电解质接触的金属具有阴极区和阳极区，被腐蚀的金属通常被氧化，释放出的电子会参与阴极反应。通过从外部电源（如电流源）向金属提供电子，可达到阴极保护的目的。

在某些环境中，减弱大气腐蚀还可以采用阳极保护方法。该方法通过施加可控的小阳极电流将金属偏置到无源区。该电流将导致金属产生一层薄薄的钝化膜，从而阻止发生阳极腐蚀反应。该方法通常用于腐蚀性极强的环境，如不锈钢长期暴露在磷酸环境中。

在一些金属涂层结构，如镀锌钢结构中，锌作为阳极，当镀锌钢暴露在电解质中时，锌层会受到破坏，从而保护阴极（钢）不被腐蚀。

由于环境的不可控和不易预测性，因此制造商可能会选择使用抗腐蚀的金属（如铜和铝），以减弱大气腐蚀。本节以此为背景，计算 GIS（Gas Insulated Switchgear，气体绝缘开关设备）筒体压力容器的大气腐蚀模型，该模型中包含参数化的筒体结构（铝合金法兰、盖板和铜螺栓结构），以及螺栓数目。根据结构对称性，选择包含 1/8 的盖板和盖板法兰及铜螺栓的区域作为计算区域，当暴露于潮湿的空气时，根据薄液膜理论求解表面液膜薄层中的电解质电位，该理论中电解质膜厚和电导率取决于周围空气的相对湿度，氧还原极限电流密度取决于氧扩散率和溶解度。法兰结构、计算区域示意图如图 4-22 所示。

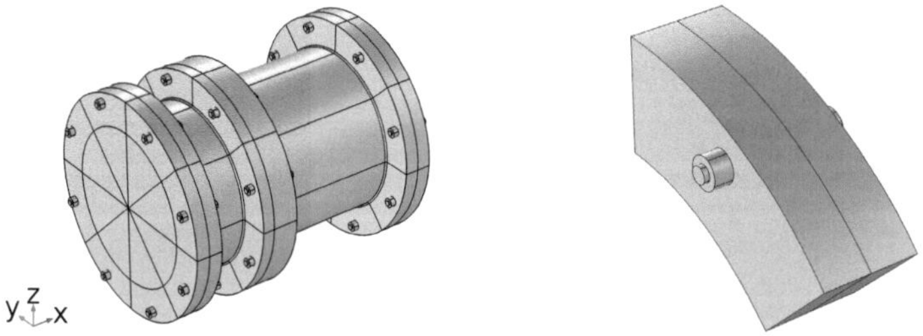

图 4-22　法兰结构、计算区域示意图

下面利用 COMSOL Multiphysics 软件的电化学腐蚀模块，对大气环境下压力容器异种金属连接部位的电偶腐蚀进行分析。

1. 选择物理场

首先打开软件，单击“模型向导”，设置模型的空间维度为“三维”。其次选择物理场，选择“电化学”→“一次和二次电流分布”→“电流分布，壳”，并单击“添加”按钮，如图 4-23 所示。

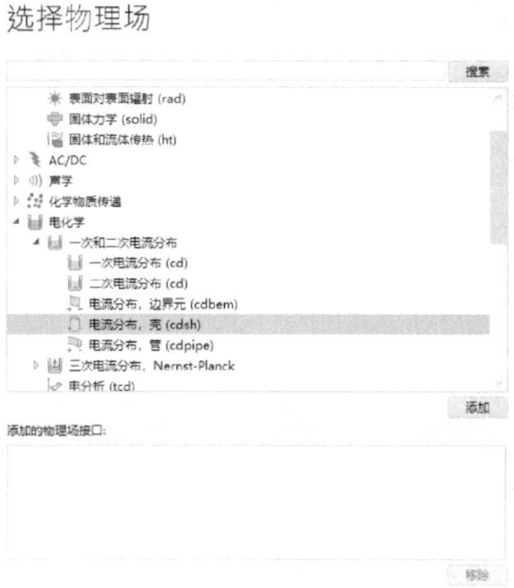

图 4-23　选择物理场

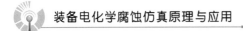

2. 选择研究

单击“研究”按钮，在“选择研究”面板中选择“一般研究”→“稳态”，单击“完成”按钮，如图 4-24 所示。

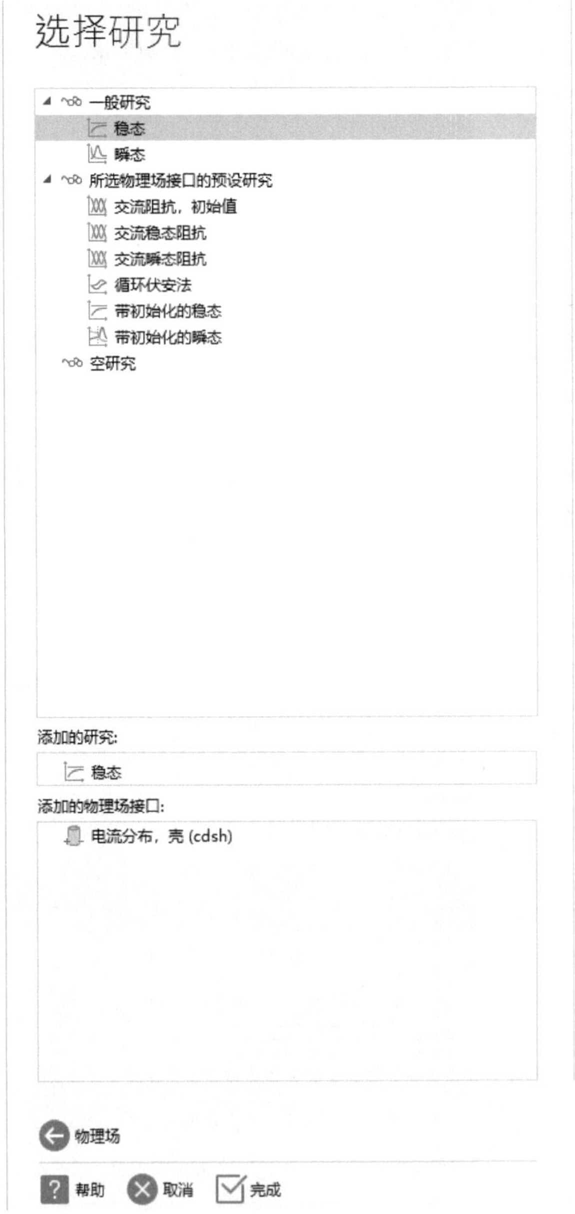

图 4-24　选择研究

3. 几何设置

几何绘图结果如图 4-25 所示。

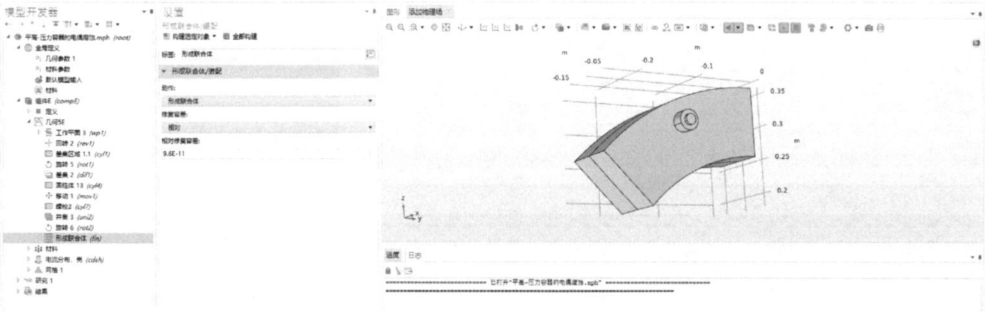

图 4-25 几何绘图结果

在构建几何模型时，首先需要创建一个工作平面。右击“几何”，选择“工作平面”选项，创建一个工作平面，如图 4-26 所示，并在该工作平面上绘制相应的平面几何图形。

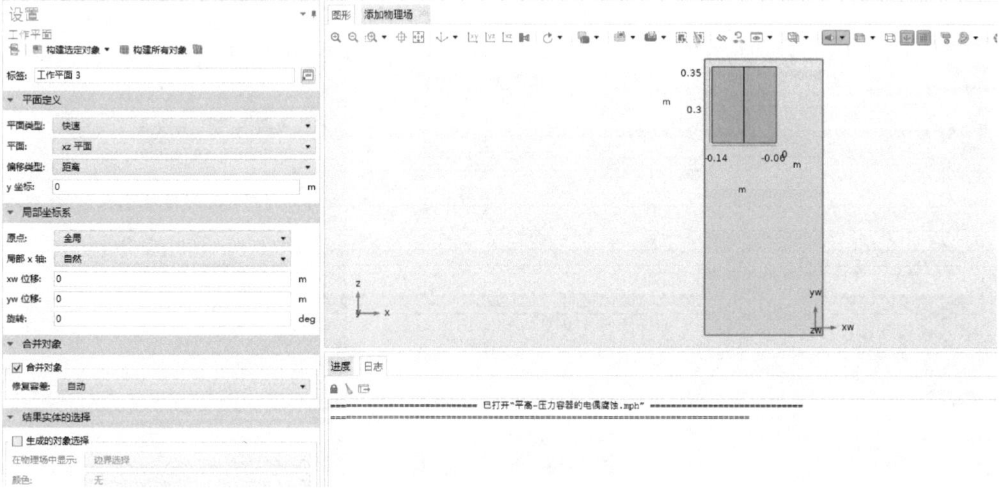

图 4-26 创建工作平面

右击“工作平面”，选择“回转”选项，设置输入对象为“wp1”，终止角度为“360/N”，将工作平面上的平面几何图形旋转 45°，如图 4-27 所示。

创建圆柱体 1，右击“几何”，选择“圆柱体”选项，设置半径为“rk/2”，高度为“lengthtol”，并设置位置坐标 x 为“-0.1-2*tth”，y 为“0”，z 为“lszxj”，如图 4-28 所示。

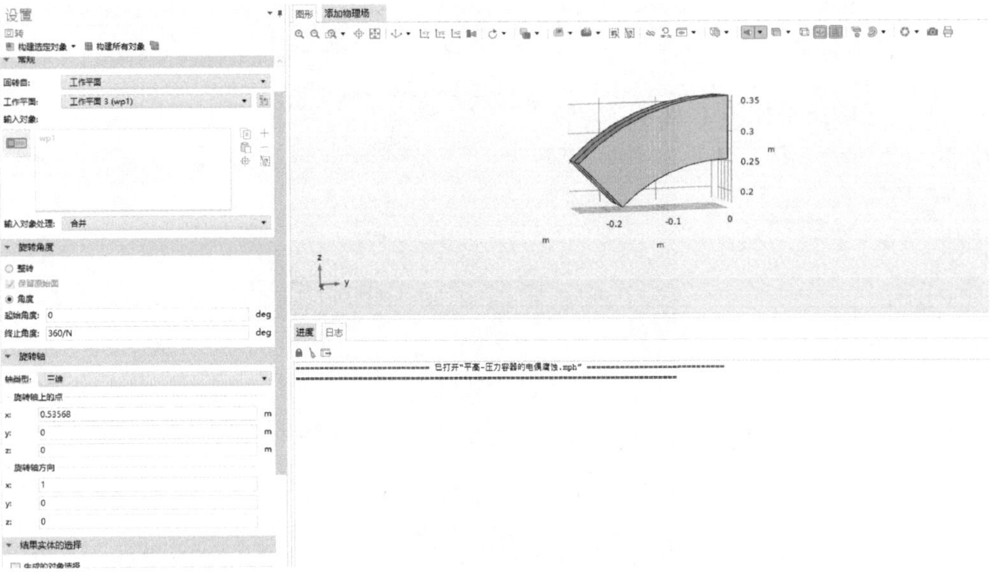

图 4-27 回转操作

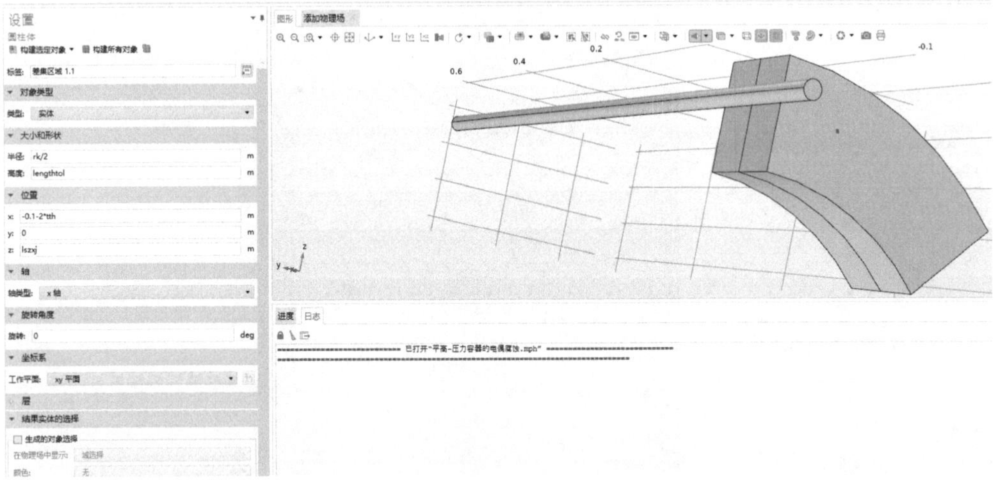

图 4-28 创建圆柱体 1

右击“几何”，选择“变换”→“旋转”选项，设置旋转角度为“180/N”，将刚创建好的圆柱体旋转到最初创建好的几何模型的中间位置，如图 4-29 所示。

接着右击“几何”，选择“布尔操作和分割”→“差集”选项，将最初创建好的几何模型减去圆柱体 1，如图 4-30 所示。

创建圆柱体 2，右击“几何”，选择“圆柱体”选项，设置半径为“LM2/2”，高度为“LM1”，并设置位置坐标 x 为“-0.1-tth-LM1”，y 为“0”，z 为“lszxj”，如图 4-31 所示。

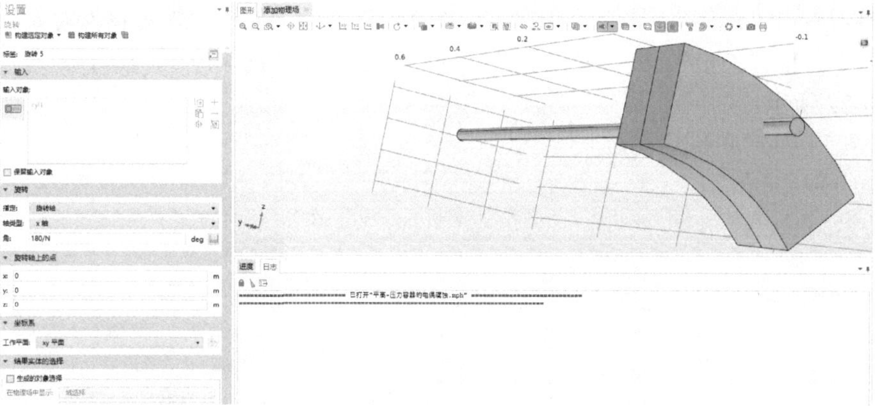

图 4-29 旋转操作

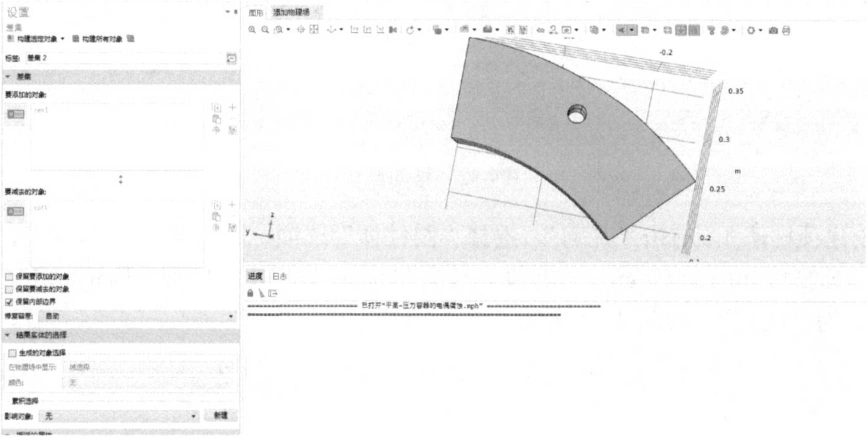

图 4-30 差集操作

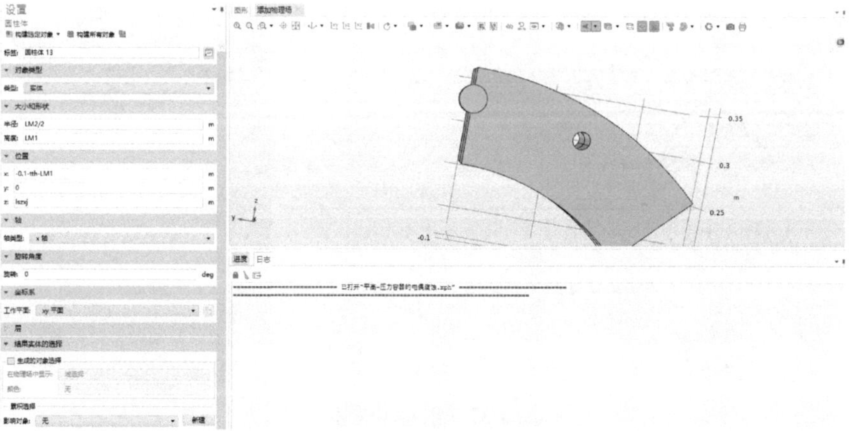

图 4-31 创建圆柱体 2

接着右击“几何”，选择“变换”→“移动”选项，勾选“保留输入对象”复选框，指定“位移矢量”，并设置位置坐标 x 为“2*tth+LM1”，y 为“0”，z 为“0”，如图 4-32 所示。

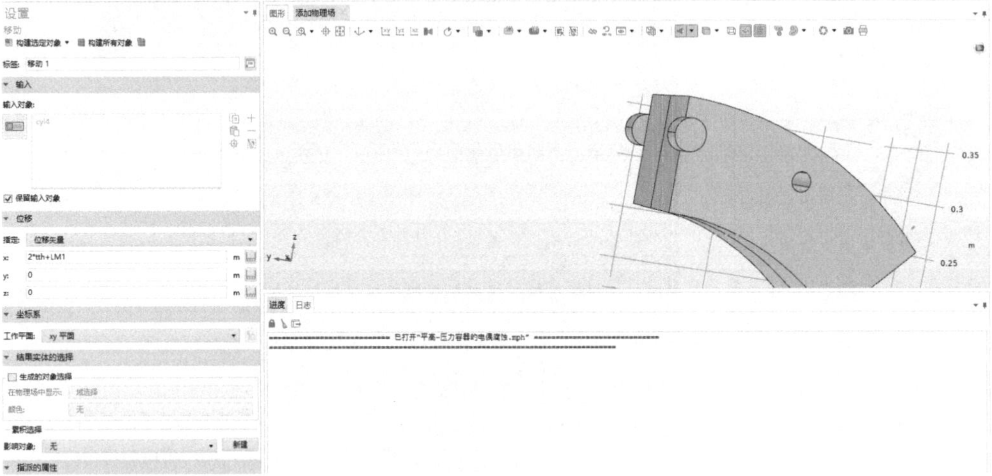

图 4-32　移动操作

创建圆柱体 3，右击“几何”，选择“圆柱体”选项，设置半径为“LS/2”，高度为“LM1*2+2*tth+2*5[mm]”，并设置位置坐标 x 为“-0.1-LM1-tth-5[mm]”，y 为“0”，z 为“lszxj”，如图 4-33 所示。

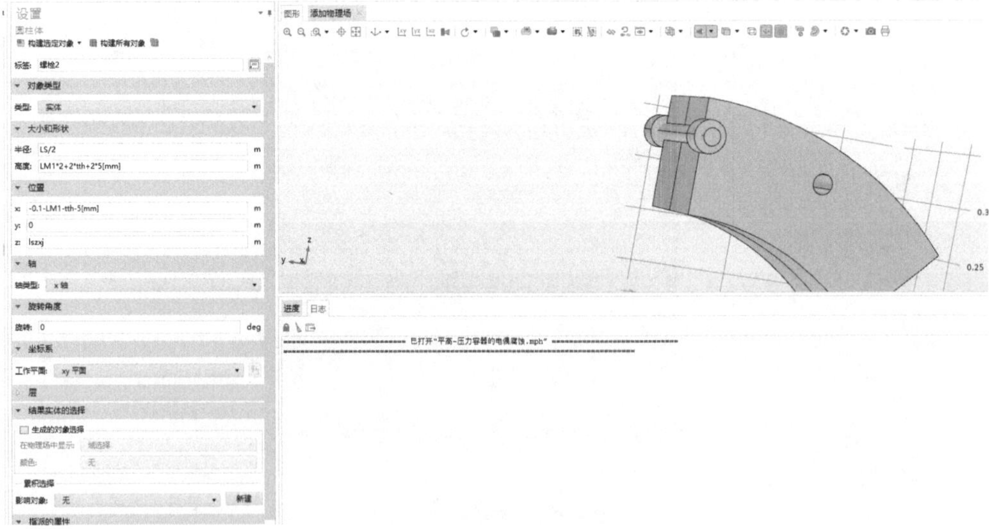

图 4-33　创建圆柱体 3

右击“几何”，选择“布尔操作和分割”→“并集”选项，设置输入对象为“cyl4”“cyl7”“mov1”，勾选“保留内部边界”复选框，最后构建对象，将图4-34中的蓝色部分合并成一个整体。

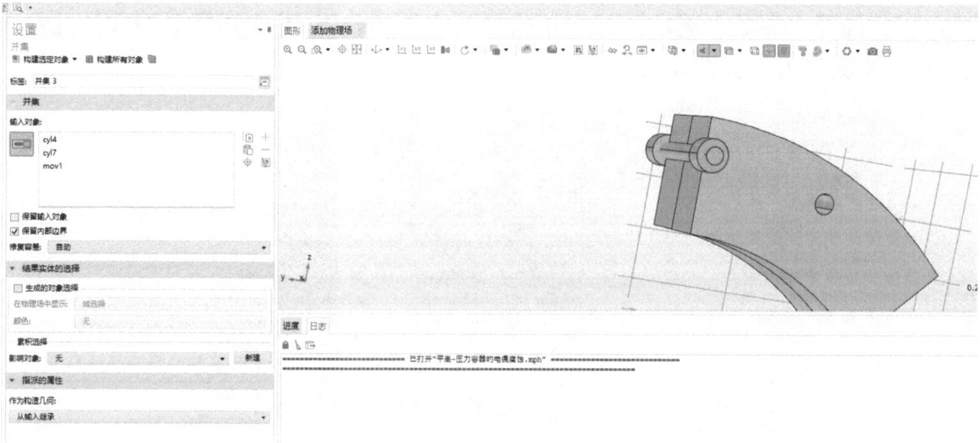

图 4-34 并集操作

接着右击“几何”，选择“变换”→“旋转”选项，设置旋转角度为“180/N”，最后构建对象，将合并好的螺栓旋转到孔中，如图4-35所示。

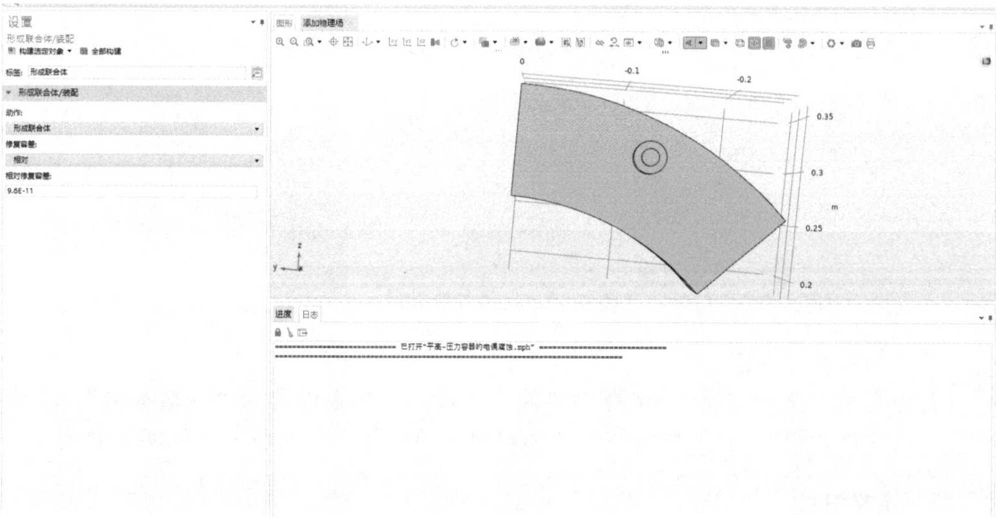

图 4-35 形成联合体

4. 参数设置

（1）几何参数设置。

几何参数可手动输入或从文件中加载，其位置在“全局定义”下。首先右击“全局定义”，选择“参数”选项，然后单击“从文件加载”，并选择需要加载的几何参数文件，将其导入，如图 4-36 所示。

图 4-36 几何参数设置

（2）材料参数设置。

首先右击“全局定义”，选择“参数”选项，将标签设置为“材料参数”，然后单击“从文件加载”，并选择需要加载的材料参数文件，将其导入，如图 4-37 所示。

5. 定义设置

右击“定义”，选择“选择”→“显示”选项，将标签设置为“铜螺栓”，在边界处选择铜螺栓，如图 4-38 所示。同理，铝合金区域定义如图 4-39 所示。

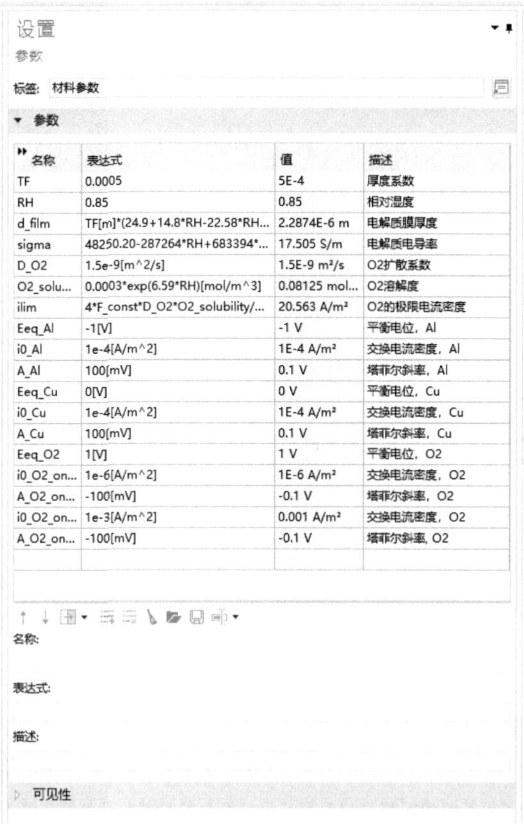

名称	表达式	值	描述
TF	0.0005	5E-4	厚度系数
RH	0.85	0.85	相对湿度
d_film	TF[m]*(24.9+14.8*RH-22.58*RH...	2.2874E-6 m	电解质膜厚度
sigma	48250.20-287264*RH+683394*...	17.505 S/m	电解质电导率
D_O2	1.5e-9[m^2/s]	1.5E-9 m²/s	O2扩散系数
O2_solu...	0.0003*exp(6.59*RH)[mol/m^3]	0.08125 mol...	O2溶解度
ilim	4*F_const*D_O2*O2_solubility/...	20.563 A/m²	O2的极限电流密度
Eeq_Al	-1[V]	-1 V	平衡电位，Al
i0_Al	1e-4[A/m^2]	1E-4 A/m²	交换电流密度，Al
A_Al	100[mV]	0.1 V	塔菲尔斜率，Al
Eeq_Cu	0[V]	0 V	平衡电位，Cu
i0_Cu	1e-4[A/m^2]	1E-4 A/m²	交换电流密度，Cu
A_Cu	100[mV]	0.1 V	塔菲尔斜率，Cu
Eeq_O2	1[V]	1 V	平衡电位，O2
i0_O2_on...	1e-6[A/m^2]	1E-6 A/m²	交换电流密度，O2
A_O2_on...	-100[mV]	-0.1 V	塔菲尔斜率，O2
i0_O2_on...	1e-3[A/m^2]	0.001 A/m²	交换电流密度，O2
A_O2_on...	-100[mV]	-0.1 V	塔菲尔斜率, O2

图 4-37 材料参数设置

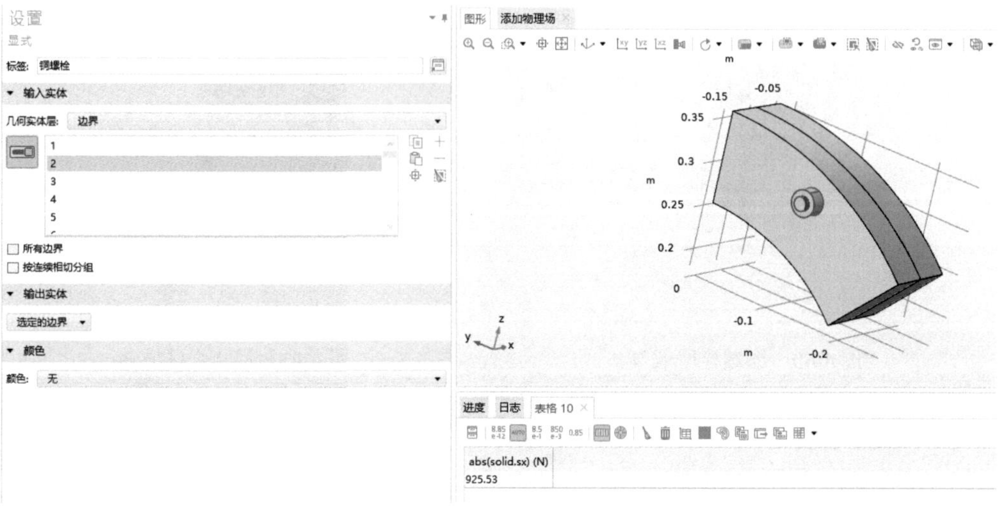

图 4-38 铜螺栓区域定义

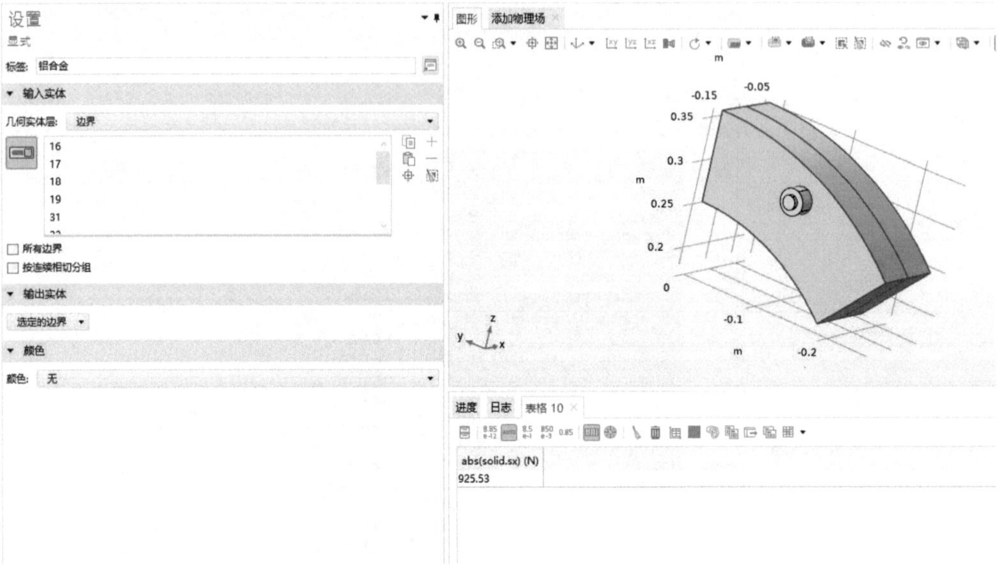

图 4-39　铝合金区域定义

6. 材料设置

右击“材料”，选择“空材料”选项，将材料命名为“铜螺栓”，在材料参数列表中设置相应的材料属性，并选中如图 4-40 所示的区域。按照同样的方式添加铝合金板材料，其中铝合金区域如图 4-41 所示。完成材料设置的模型树如图 4-42 所示。

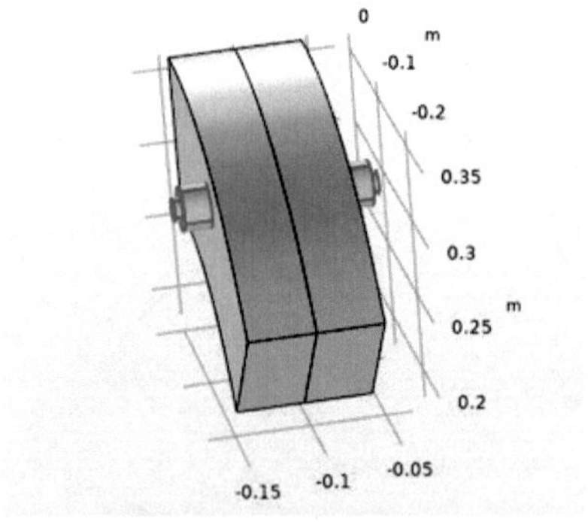

图 4-40　铜螺栓区域

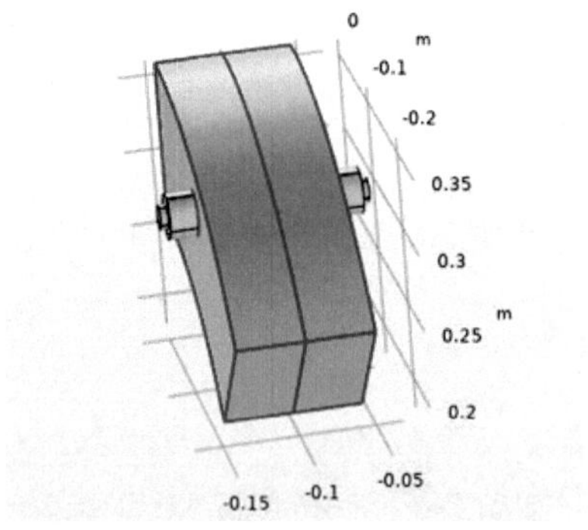

图 4-41　铝合金区域

7. 物理场设置

本案例采用了“电流分布，壳”物理场，下面对物理场设置进行说明。

图 4-42　完成材料设置的模型树

控制方程参数设置。右击“电流分布，壳”，选择“电解质”选项，设置电解质厚度为“d_film”，电解质电导率为“sigma”，如图 4-43 所示。

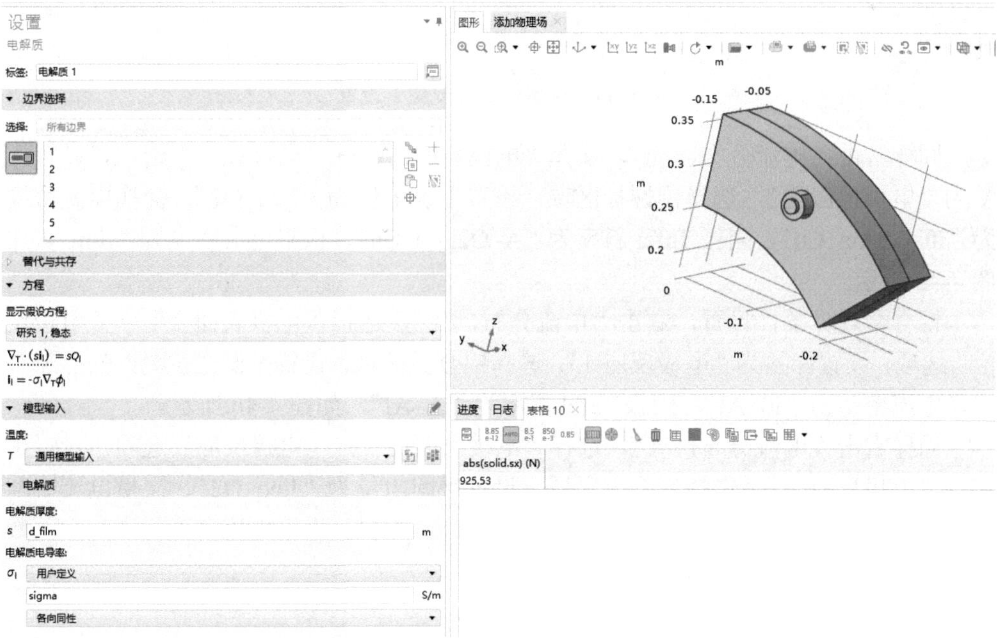

图 4-43　控制方程参数设置

铜螺栓边界条件设置。右击“电流分布，壳”，选择“电极表面 1”→“电极反应”选项，设置标签为“电极反应 1”，选择铜螺栓区域，设置平衡电位为“Eeq_Cu”，交换电流密度为“i0_Cu”，阳极 Tafel 斜率为“A_Cu”，如图 4-44 所示。

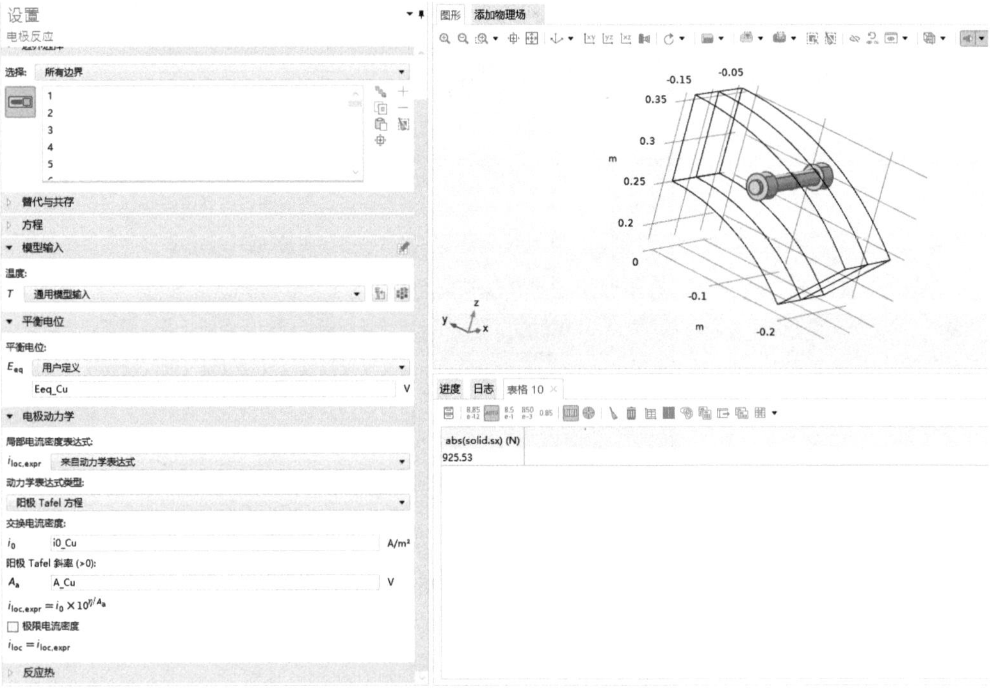

图 4-44　铜螺栓电极反应 1 设置

同样右击“电流分布，壳”，选择“电极表面 1”→“电极反应”选项，设置标签为“电极反应 2”，选择铜螺栓区域，设置平衡电位为“Eeq_O2”，交换电流密度为“i0_O2_on_Cu”，阴极 Tafel 斜率为“A_O2_on_Cu”，极限电流密度为“ilim”，如图 4-45 所示。

铝合金边界条件设置。右击“电流分布，壳”，选择“电极表面 2”→“电极反应”选项，设置标签为“电极反应 1”，选择铝合金区域，设置平衡电位为“Eeq_Al”，交换电流密度为“i0_Al”，阳极 Tafel 斜率为“A_Al”，如图 4-46 所示。

同样右击“电流分布，壳”，选择“电极表面 2”→“电极反应”选项，设置标签为“电极反应 2”，选择铝合金区域，设置平衡电位为“Eeq_O2”，交换电流密度为“i0_O2_on_Cu”，阴极 Tafel 斜率为“A_O2_on_Cu”，极限电流密度为“ilim”，如图 4-47 所示。

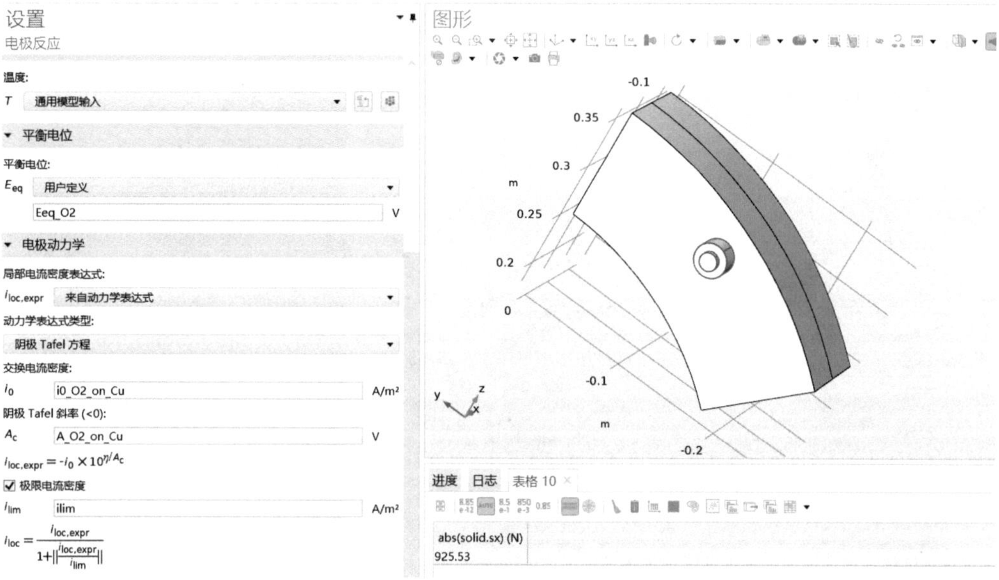

图 4-45　铜螺栓电极反应 2 设置

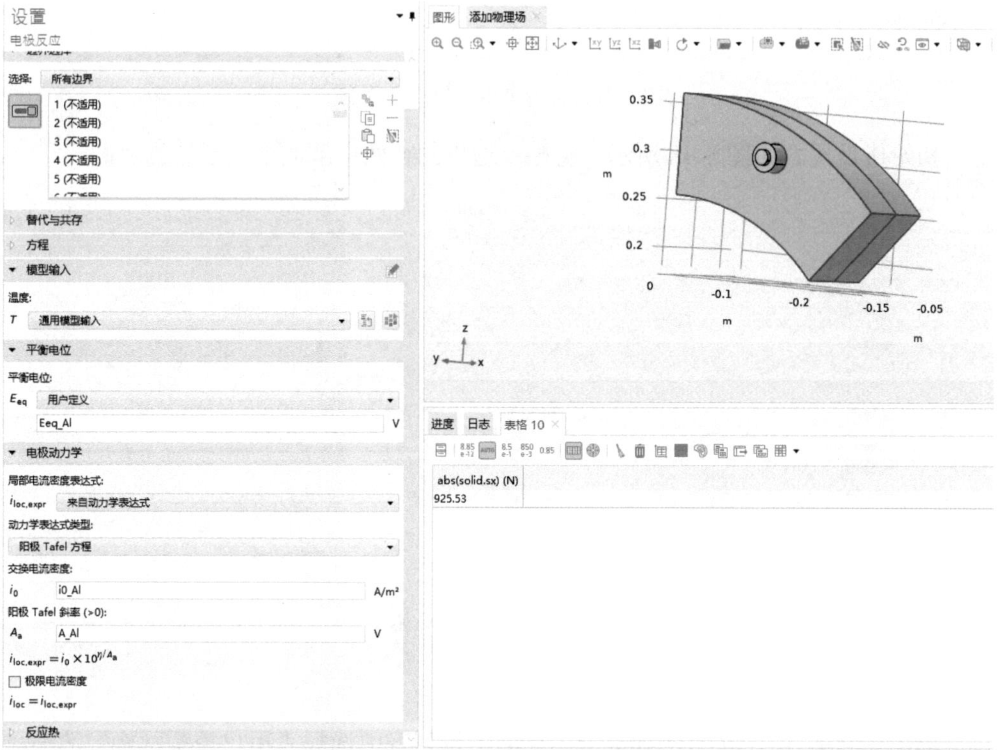

图 4-46　铝合金电极反应 1 设置

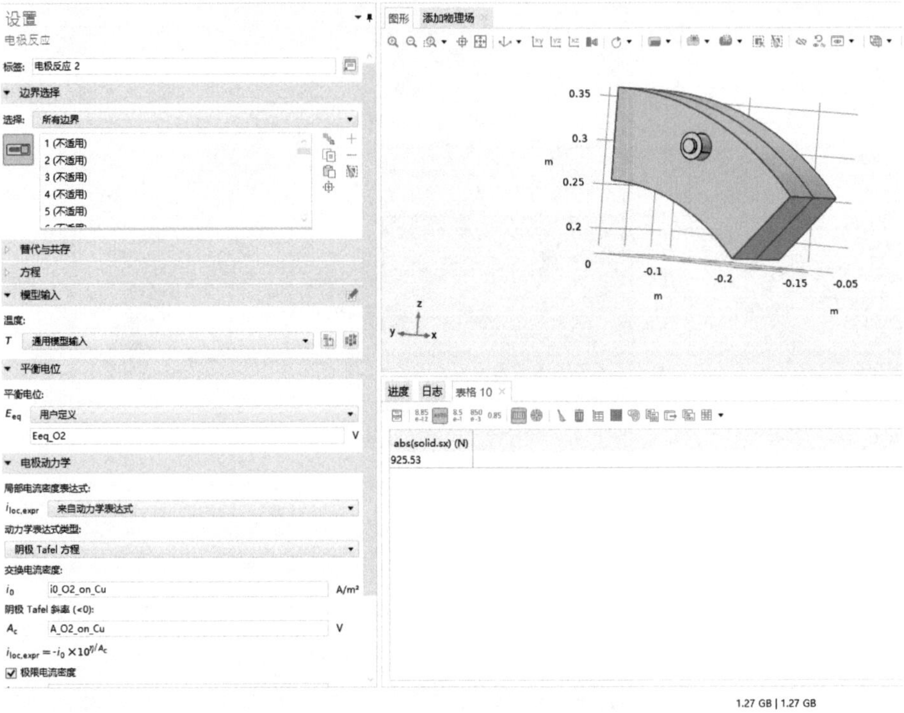

图 4-47　铝合金电极反应 2 设置

初始值设置。如图 4-48 所示，将整个边界的初始电解质电位设置为“0”。

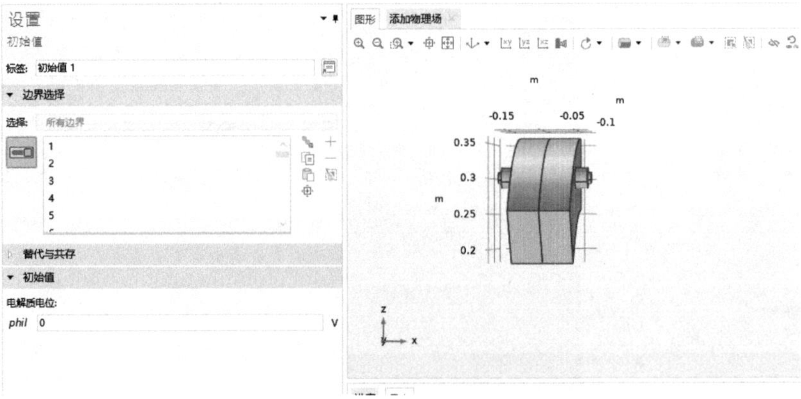

图 4-48　初始值设置

8．网格剖分

单击“网格 1”，在“序列类型”下的下拉列表中选择“用户控制网格”选项，如图 4-49 所示。

图 4-49　用户自定义网格

先在“网格 1”下添加“大小”，然后设置单元大小为“极细化”，如图 4-50 所示。

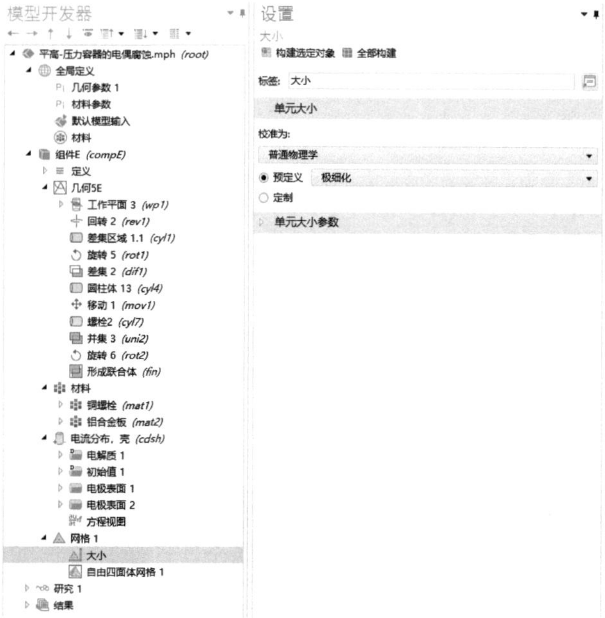

图 4-50　单元大小设置

再在“网格 1”下添加“自由四面体网格 1”，并选择所有的几何区域，如图 4-51 所示。

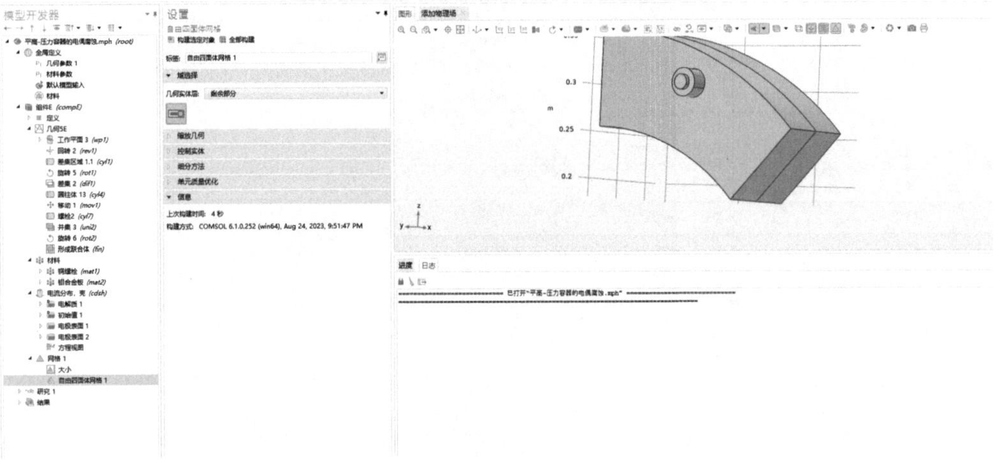

图 4-51　自由四面体网格 1

最后单击“构建选定对象”，对模型进行网格剖分，如图 4-52 所示。

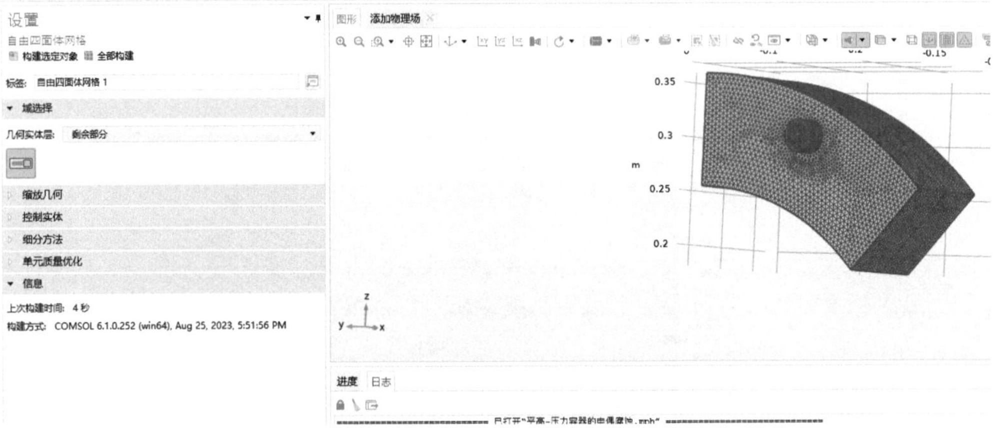

图 4-52　网格剖分结果图

9. 后处理

由于该模型的后处理部分只增加了两个三维绘图组，分别为金属溶解电流、氧还原电流，其他都是默认的，所以此处只对这两个绘图组进行详细说明。

首先，右击“结果”，选择“三维绘图组”选项，将标签设置为“金属溶解电流”，并设置数据集为“研究 1/解 1”。

其次，在该三维绘图组下选择“表面”选项，设置表达式为“cdsh.iloc_er1”，单击“绘制”按钮，如图4-53所示。

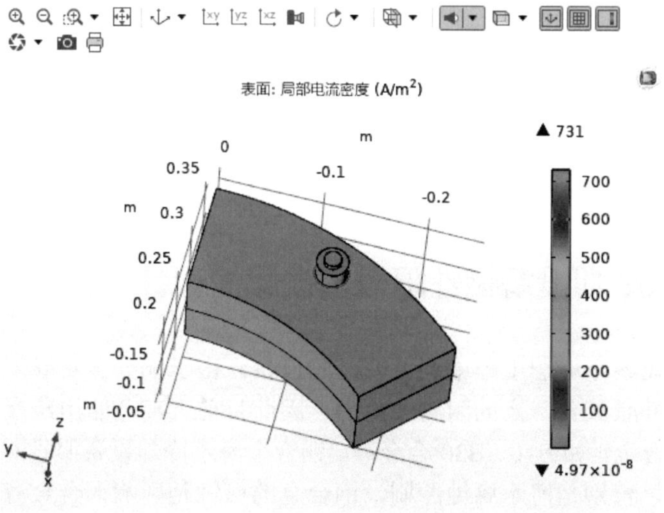

图4-53 金属溶解电流分布图

再次，右击“结果”，选择“三维绘图组”选项，将标签设置为“氧还原电流”，并设置数据集为“研究1/解1”。

最后，在该三维绘图组下选择“表面”选项，设置表达式为“cdsh.iloc_er2”，单击“绘制”按钮，如图4-54所示。

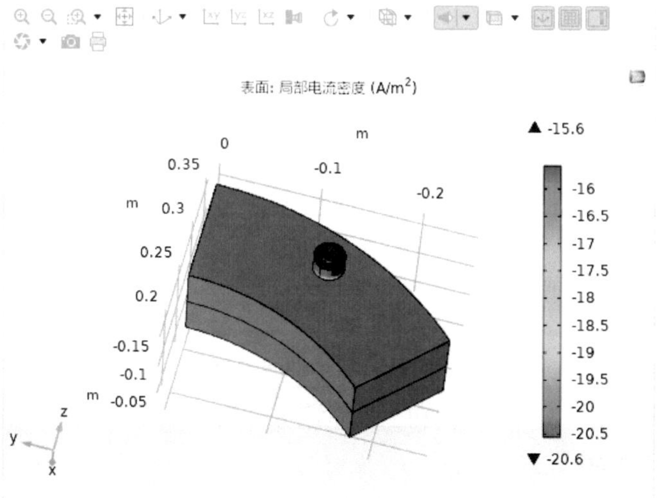

图4-54 氧还原电流分布图

本节深入研究了压力容器的大气腐蚀问题，涉及两种不同材料的电化学联系，导致了其中一种材料的腐蚀。本节探讨了这一问题的根本原因，以及如何识别、预防和处理电偶腐蚀。这一问题通常发生在两种具有不同电位的金属或合金之间，当它们在电解质环境中接触时，会产生电流流动，从而导致其中一种材料被腐蚀。腐蚀会影响压力容器的结构完整性，可能导致泄漏事故或环境破坏，这可能对工业生产和人员安全造成严重威胁，因此必须采取适当的措施来预防和管理压力容器的大气腐蚀问题，以降低压力容器在工业应用中面临的风险，确保其长期可靠地运行。

4.3.3 海水冷却设备牺牲阳极阴极保护设计

海水冷却设备是船舶工程中不可缺少的设备。由于铜合金热导率高，可防止海洋生物污损，并且具备一定的耐腐蚀能力，因此目前大部分船用冷凝器、冷却器的制造材料为铜合金，如 B10、B30 合金等。铜合金海水冷却设备服役时面临着苛刻的海水腐蚀环境，特别是海水腐蚀冲刷，铜合金的腐蚀是影响铜合金海水冷却设备功能的主要因素。牺牲阳极阴极保护是目前海水冷却设备通用的腐蚀防护措施。船用海水冷却设备结构简图如图 4-55 所示。

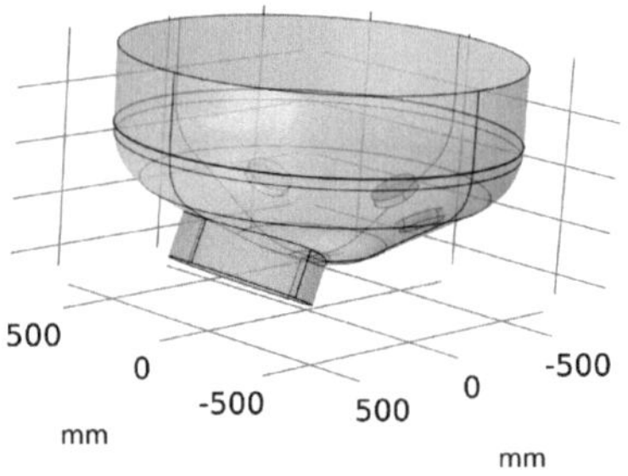

图 4-55　船用海水冷却设备结构简图

下面利用 COMSOL Multiphysics 软件对海水冷却设备牺牲阳极阴极保护效果进行仿真设计。

1. 选择物理场

首先打开软件，单击“模型向导”，设置模型的空间维度为“三维”。其次选择物理场，选择“电化学”→“一次和二次电流分布”→“二次电流分布”，并单击“添加”按钮，如图 4-56 所示。

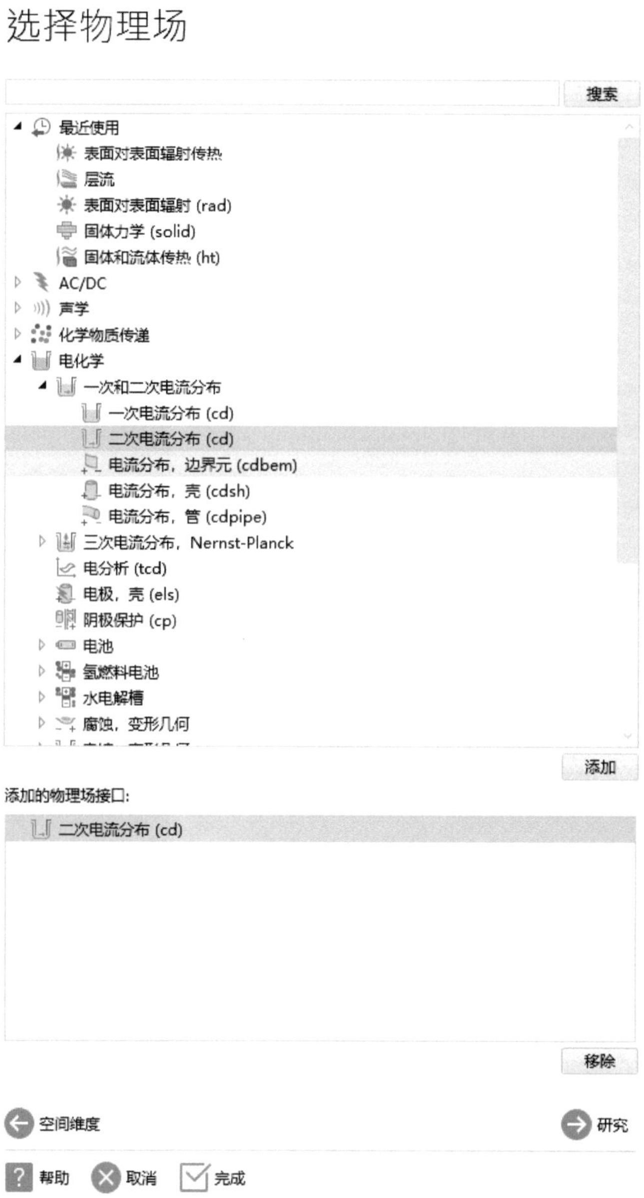

图 4-56 选择物理场

2．选择研究

单击“研究”按钮，在“选择研究”面板中选择“一般研究”→“稳态”，单击“完成”按钮，如图 4-57 所示。

图 4-57　选择研究

3. 几何设置

由于该几何模型较为复杂，所以选择从外部导入模型。右击“几何”，选择“导入”选项，单击“浏览”按钮，选择需要导入的几何模型，并单击“导入”按钮，将几何模型导入软件，如图 4-58 所示。

单击“几何 1”下的“形成联合体”，并单击“构建选定对象”按钮，形成联合体，如图 4-59 所示。

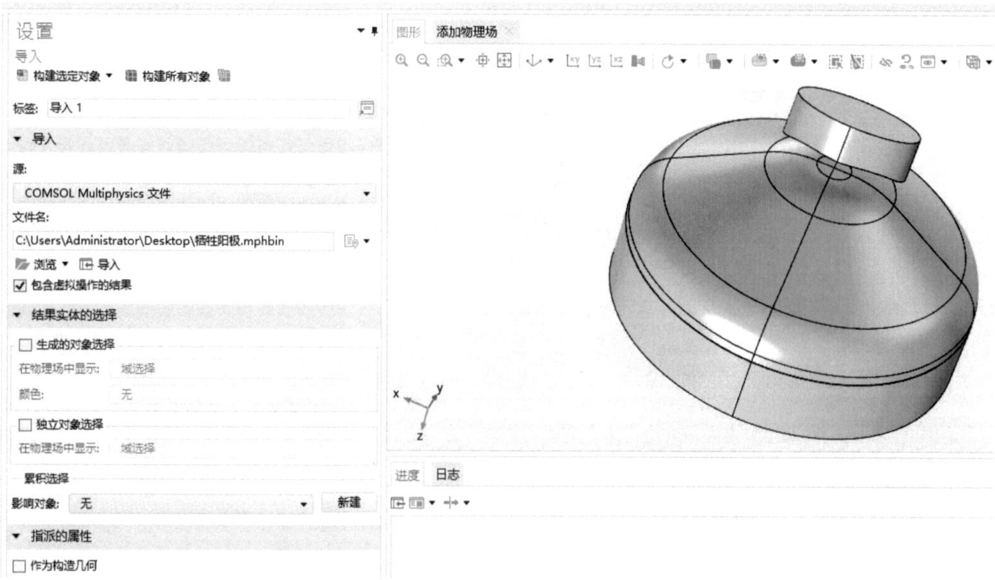

图 4-58 导入几何模型

图 4-59 形成联合体

4. 参数设置

右击“全局定义”下的“参数 1”，进行参数设置，如图 4-60 所示。

图 4-60　参数设置

5. 定义设置

右击“定义”，选择“选择”→“显示”选项，将标签设置为“Zn”，在几何实体层中选择如图 4-61 所示的边界。

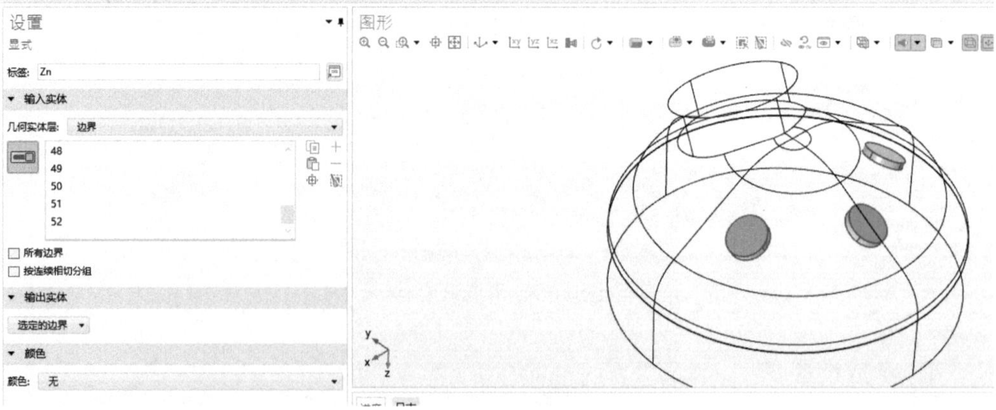

图 4-61　Zn 边界定义

右击“定义”，选择“选择”→“显示”选项，将标签设置为“所有表面”，选择所有的边界，如图 4-62 所示。

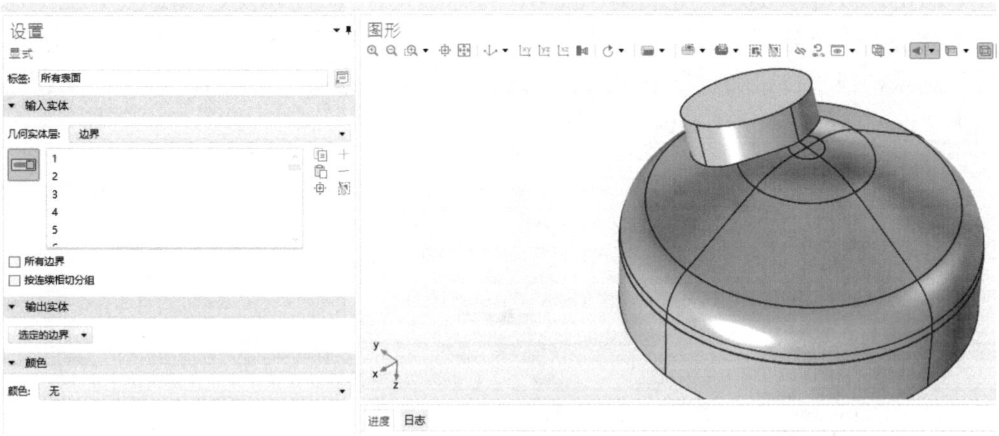

图 4-62 所有表面边界定义

右击“定义”，选择“选择”→“差集”选项，将标签设置为“法兰换热管”，并设置要添加的选择为“所有表面”，要减去的选择为“Zn”，如图 4-63 所示。

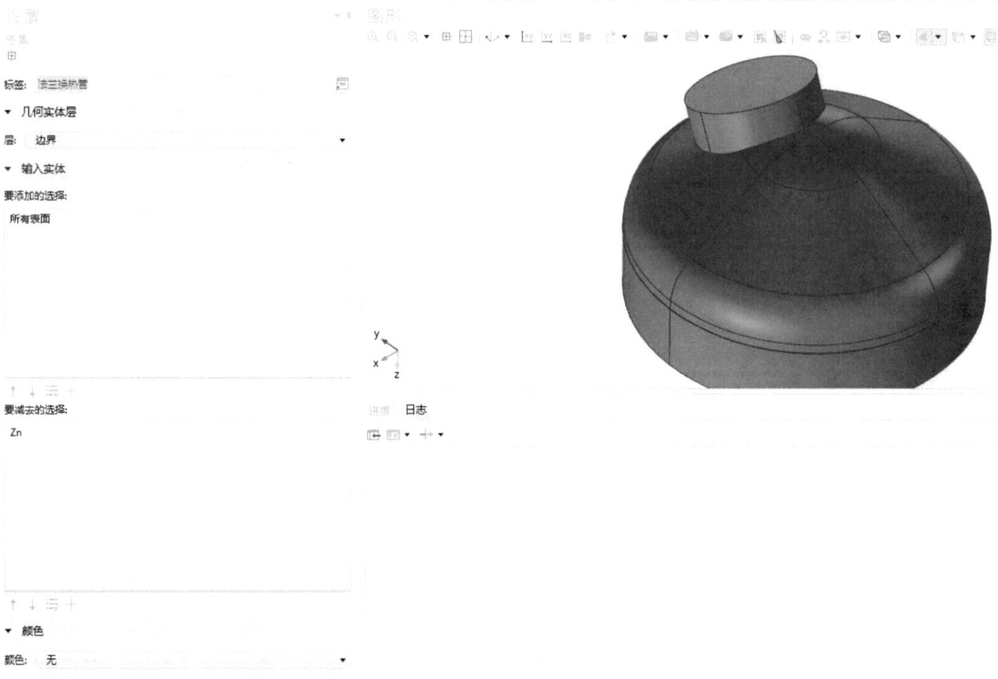

图 4-63 法兰换热管边界定义

6. 材料设置

右击“材料”，选择“空材料”选项，将标签设置为“b30-换热管法兰”，在“几何实体层”下拉列表中选择“边界”选项，在“选择”下拉列表中选择“法兰换热管”选项，在“材料类型”下拉列表中选择“固体”选项，设置局部电流密度表达式为“iloc_exp(E_vs_ref_exp)”，如图 4-64 所示。

图 4-64　b30-换热管法兰材料设置

右击“材料”，选择“空材料”选项，将标签设置为“Zn”，在“几何实体层”下拉列表中选择“边界”选项，在“选择”下拉列表中选择“Zn”选项，在“材料类型”下拉列表中选择“固体”选项，设置局部电流密度表达式为“iloc_exp(E_vs_ref_exp)”，如图 4-65 所示。

图 4-65 Zn 材料设置

7. 物理场设置

本案例采用了“二次电流分布”物理场，下面对物理场设置进行说明。

控制方程参数设置。单击“二次电流分布”下的“电解质 1”，设置电解质电导率为“用户定义”，并输入最开始定义的“sigmal”，如图 4-66 所示。

边界条件设置。右击“二次电流分布”，选择“电极表面”选项，将标签设置为“电极表面 管子及法兰 B30”，并在“边界选择”下的“选择”下拉列表中选择“法兰换热管”选项，如图 4-67 所示。

图 4-66　控制方程参数设置

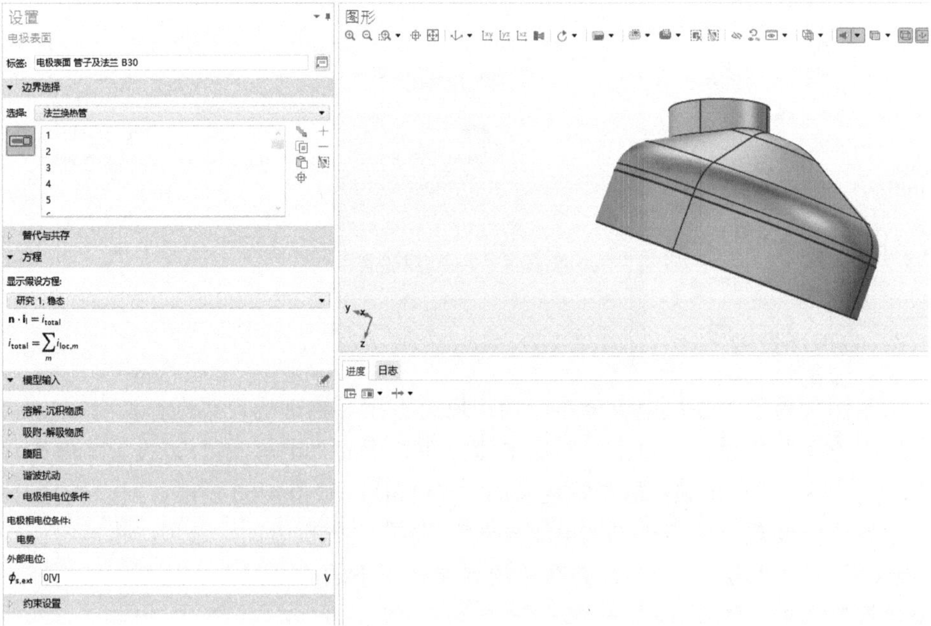

图 4-67　法兰换热管电极表面设置

单击“电极表面 管子及法兰 B30”下的“电极反应 1”，设置平衡电位为“0”，如图 4-68 所示。

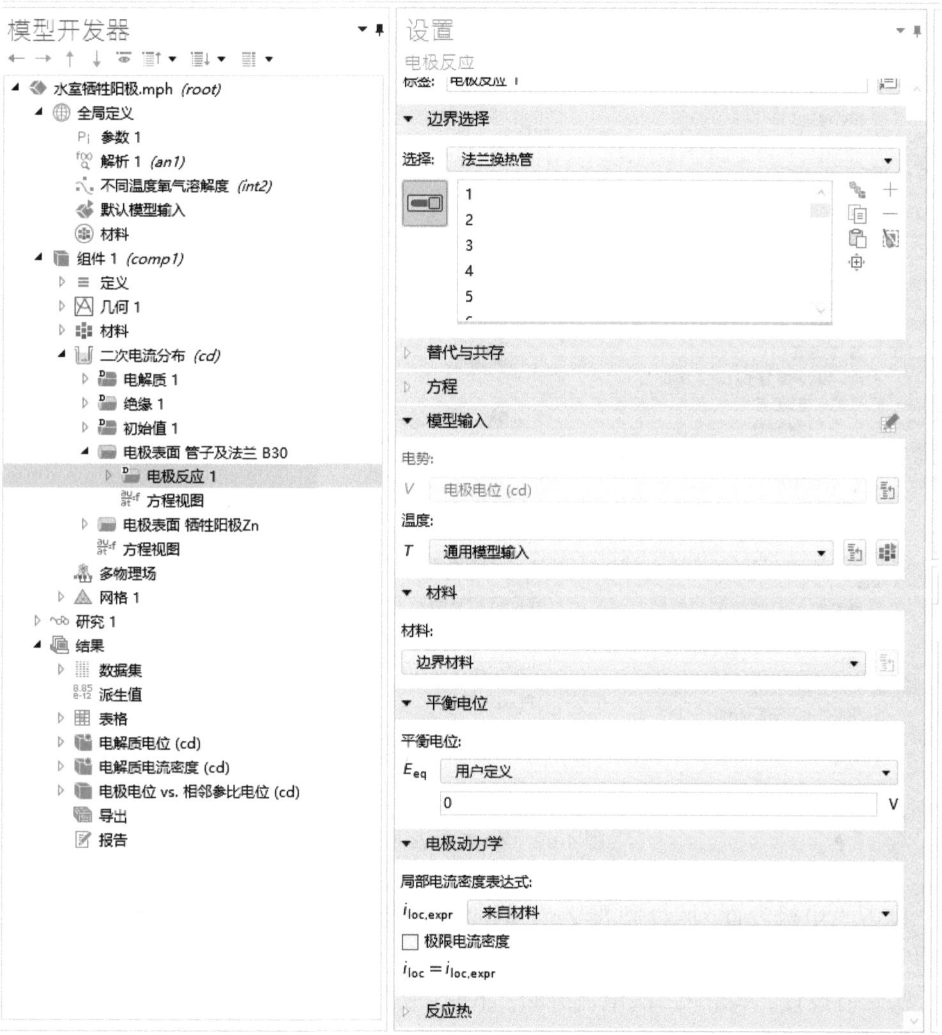

图 4-68　法兰换热管电极反应 1 设置

右击“二次电流分布”，选择“电极表面”选项，将标签设置为“电极表面 牺牲阳极 Zn”，并在“边界选择”下的“选择”下拉列表中选择“Zn”选项，如图 4-69 所示。

图 4-69 Zn 电极表面设置

单击“电极表面 牺牲阳极 Zn”下的“电极反应 1”，设置平衡电位为“0”，如图 4-70 所示。

初始值设置。单击“二次电流分布”下的“初始值 1”，设置电解质电位为“-0.2”，电势为“0”，如图 4-71 所示。

8. 网格剖分

单击“网格 1”，在“序列类型”下的下拉列表中选择“用户控制网格”选项，如图 4-72 所示。

单击“网格 1”下的“大小”，设置单元大小为“常规”，如图 4-73 所示。

图 4-70　Zn 电极反应 1 设置

图 4-71　初始值 1 设置

图 4-72　用户自定义网格

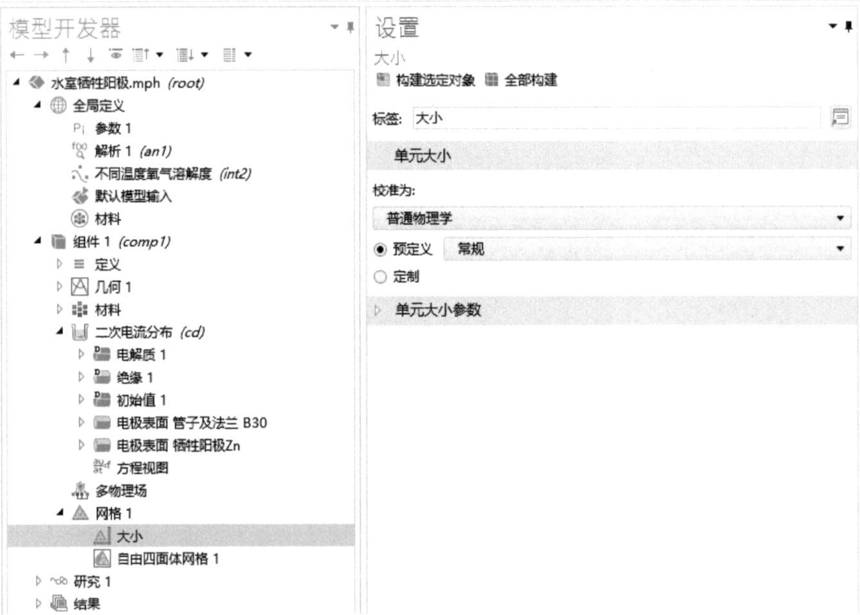

图 4-73　单元大小设置

单击“网格 1”下的“自由四面体网格 1”，并单击“构建选定对象”，对模型进行网格剖分，如图 4-74 所示。

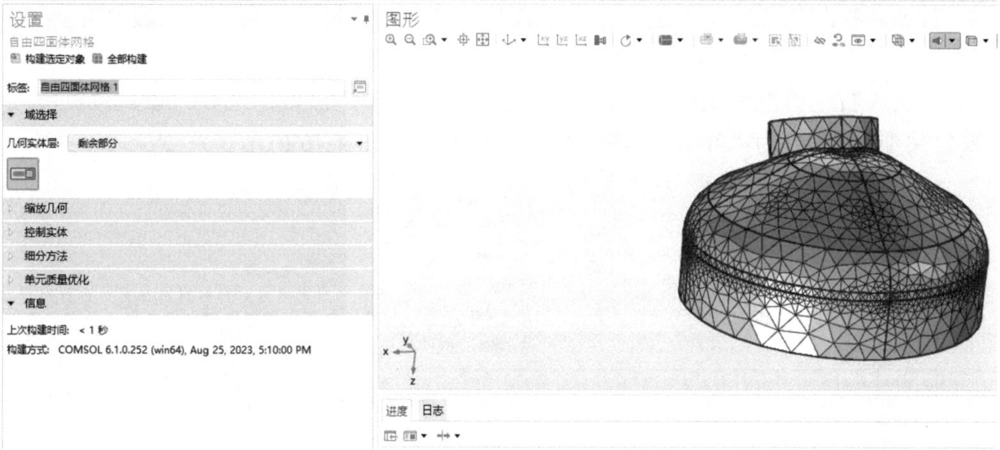

图 4-74　网格剖分结果图

9. 求解器设置

右击“研究 1”，选择“显示默认求解器”选项，单击“计算”按钮进行求解，如图 4-75 所示。

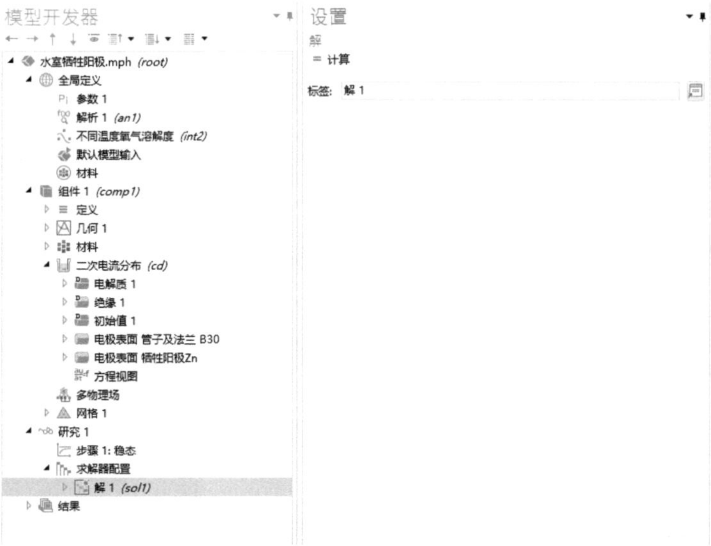

图 4-75　求解器设置

10. 后处理

由于该模型的后处理部分中所有的设置都是默认的，所以此处只对电极电位 vs. 相邻参比电位绘图组的设置进行详细介绍。

首先，右击“结果”，选择“三维绘图组”选项，将标签设置为“电极电位 vs. 相邻参比电位”，并设置数据集为“研究 1/解 1”。

其次，右击“电极电位 vs. 相邻参比电位”，选择“流线”选项，设置数据集为“来自父项”，点数为“20”，范围商数为“100”，如图 4-76 所示。

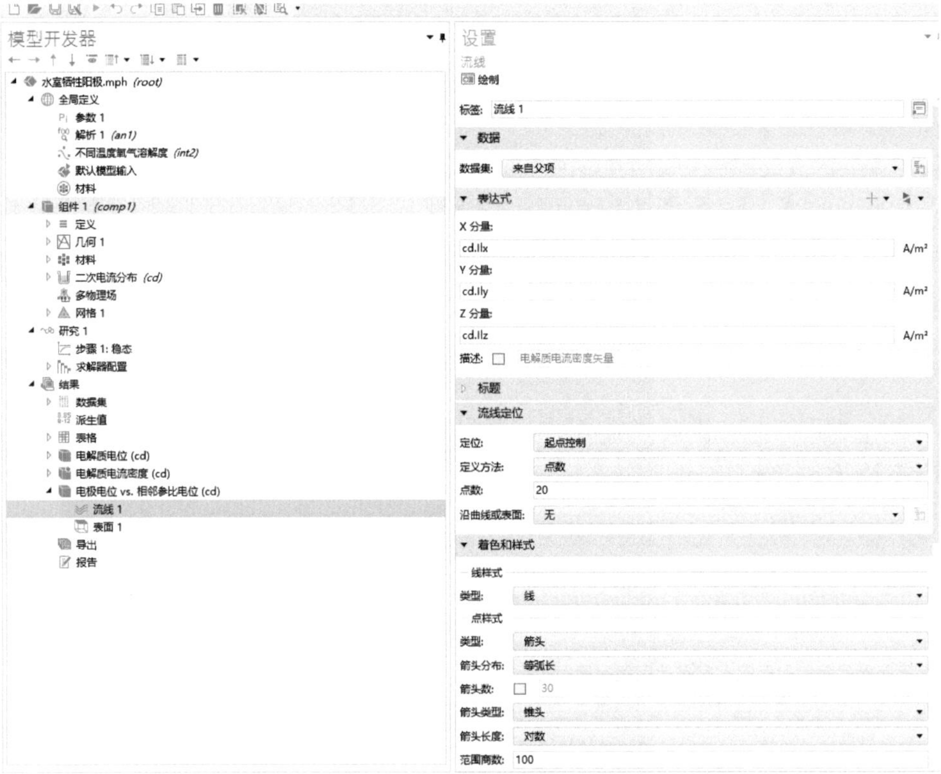

图 4-76　电极电位 vs. 相邻参比电位流线绘图设置

再次，右击“电极电位 vs. 相邻参比电位”，选择“表面”选项，设置数据集为“来自父项”，表达式为“cd.Evsref”，如图 4-77 所示。

最后，单击“绘制”按钮，生成如图 4-78、图 4-79 所示的电极电位 vs. 相邻参比电位流线图和表面图。

本节对于船用海水冷却设备牺牲阳极阴极保护设计，采用 COMSOL Multiphysics 软件进行了一系列关键的研究和仿真，以评估牺牲阳极阴极保护技术的有效性和可行性。以下是关于这个案例的总结。首先，明确研究的背景和目标。船用海水冷却设备在海洋环境中经常受到腐蚀的威胁，这会缩短设备的使用寿命并导致高昂的维护成本。为了解决这个问题，本节采用牺牲阳极阴极保护设计方案，并进行仿真研究以评估其效果。其次，进行数据收集和分析，涉及海水的电化学性质、设备材料的特性及不同材料的极化曲线等信息。通过这些数据能够建立准确的数学模型，以模拟牺牲阳极阴极保护系统在实际运行中的表现。最后，进行仿真，模拟不同操作条件下的船用海水冷却设备的腐蚀过程。通过仿真，能够评估不同情况下的海水冷却设备牺牲阳极阴极保护效果，找到最佳的设计参数，以降低设备的腐蚀速率，延长设备的使用寿命。

图 4-77　电极电位 vs. 相邻参比电位表面绘图设置

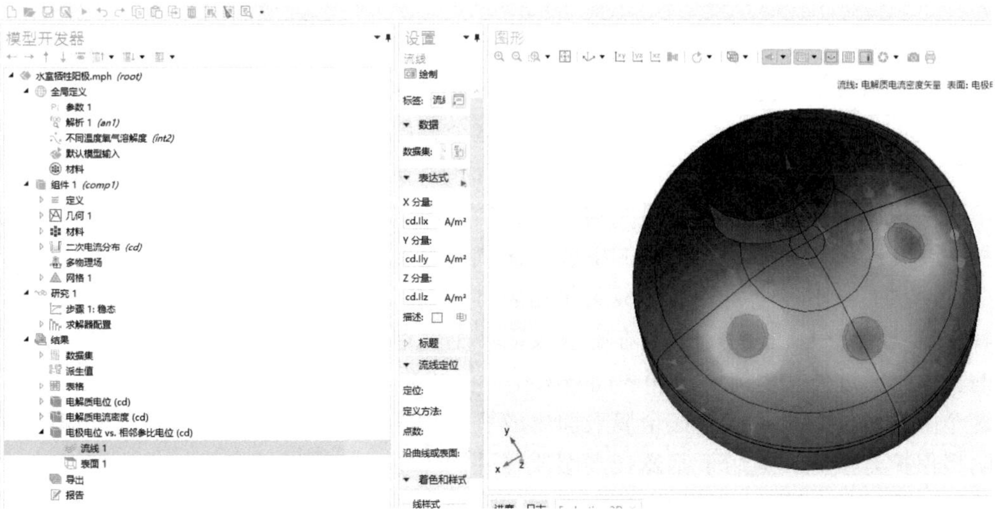

图 4-78　电极电位 vs. 相邻参比电位流线图

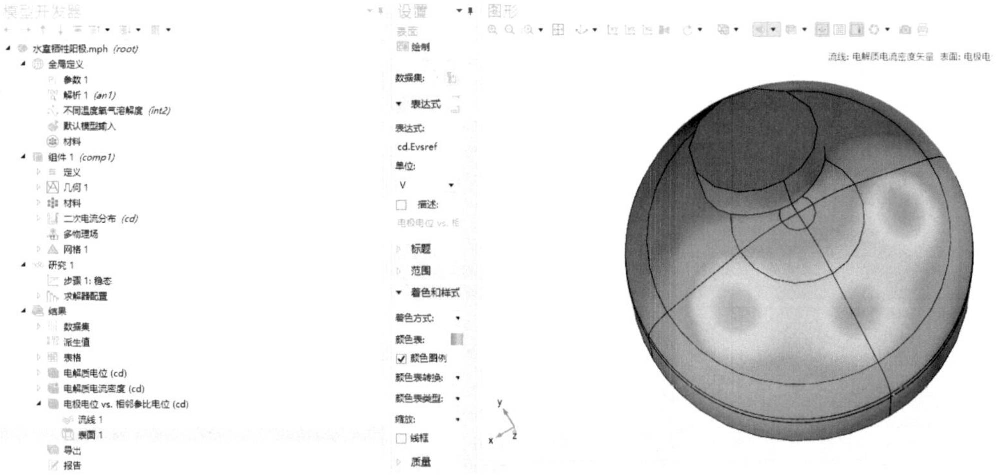

图 4-79　电极电位 vs. 相邻参比电位表面图

牺牲阳极阴极保护技术对于船用海水冷却设备来说是一种有效的腐蚀控制技术，可以显著降低设备的腐蚀速率，延长设备的使用寿命，降低维护成本。然而，系统参数的选择和定期监测对于确保牺牲阳极阴极保护系统的持续有效性仍然至关重要。总之，这个船用海水冷却设备牺牲阳极阴极保护设计仿真案例为我们提供了重要的理论知识和数据，证明了牺牲阳极阴极保护技术的可行性和效益，有助于改进设备的性能，提高其在海洋环境中的可靠性，同时降低维护和修复成本。

4.3.4　海水冷却设备外加电流阴极保护设计

除牺牲阳极阴极保护方法以外，外加电流阴极保护方法也是减弱海水冷却设备腐蚀的常用方法。这种方法的原理是向金属表面施加外部电流，使金属表面极化至较低电位，从而降低金属的腐蚀速率。在这个过程中，电流在金属表面形成一个具有保护性的电化学屏障，防止了水中的氧气和其他腐蚀性物质对金属的腐蚀。外加电流阴极保护是基于电化学反应实现的。当外部电流在金属表面流动时，会引发两种主要反应：氧还原反应和水的电解。在氧还原反应中，水中的氧气会被还原成水分子，从而减小在金属表面形成氧化物的可能性。与此同时，水的电解会导致水分解成氢气和氧气，这些气体会在金属表面产生气泡，从而进一步减小氧气接触金属的机会。通过外加电流，金属表面被极化，保持在一个更低的电位，称为阴极电位。这个阴极电位阻止了氧气在金属表面生成氧化物，因此减缓了腐蚀过程。外加电流阴极保护方法尤其适用于暴露在潮湿或腐蚀性环境中的金属结构，如水池、管道、船舶、油罐等。要设计外加电流阴极保护系统，需要考虑多个因素，包括金属的类型、环境条件、所需的电流密度及系统的布局等。通常，该系统使用特殊的阴极材料（如铝、锌或镁）来提供外部电流，这些材料会被逐渐耗尽，因此需要定期更换。总体来说，外加电流阴极保护方法是一种有效的方法，可延长金属结构的使用寿命并减轻腐蚀带来的危害。通过控制金属表面的电位，这种方法可以在恶劣环境条件下保护重要的基础设施和设备，确保它们的持久可靠性。因此，在工程和材料科学领域，外加电流阴极保护方法被广泛应用，并持续得到研究和改进。

下面采用 4.3.3 节中的船用海水冷却设备，利用 COMSOL Multiphysics 软件对其外加电流阴极保护效果进行仿真设计。

1．选择物理场

首先打开软件，单击“模型向导”，设置模型的空间维度为“三维”。其次选择物理场，选择“电化学”→“一次和二次电流分布”→“二次电流分布”，并单击“添加”按钮，如图 4-80 所示。

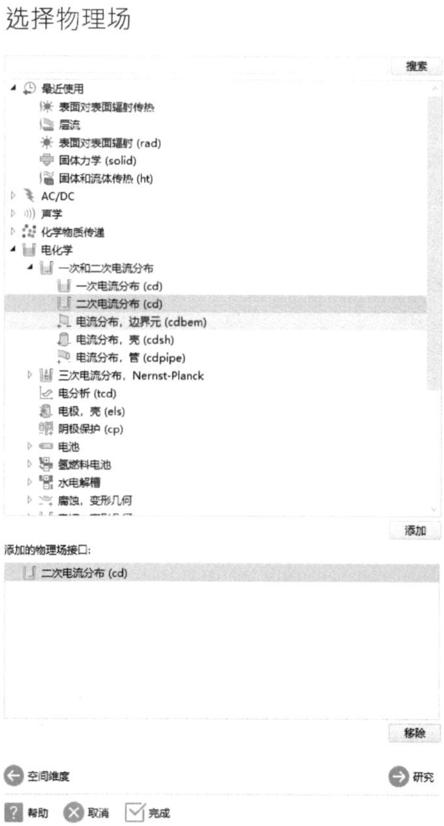

图 4-80　选择物理场

2. 选择研究

单击“研究”按钮，在“选择研究”面板中选择“一般研究”→“稳态”，单击“完成”按钮，如图 4-81 所示。

图 4-81　选择研究

3. 几何设置

由于该几何模型较为复杂，所以选择从外部导入模型，并做一些添加。右击“几何”，选择“导入”选项，单击“浏览”按钮，选择需要导入的几何体 1，并单击“导入”按钮，将几何体 1 导入软件，如图 4-82 所示。

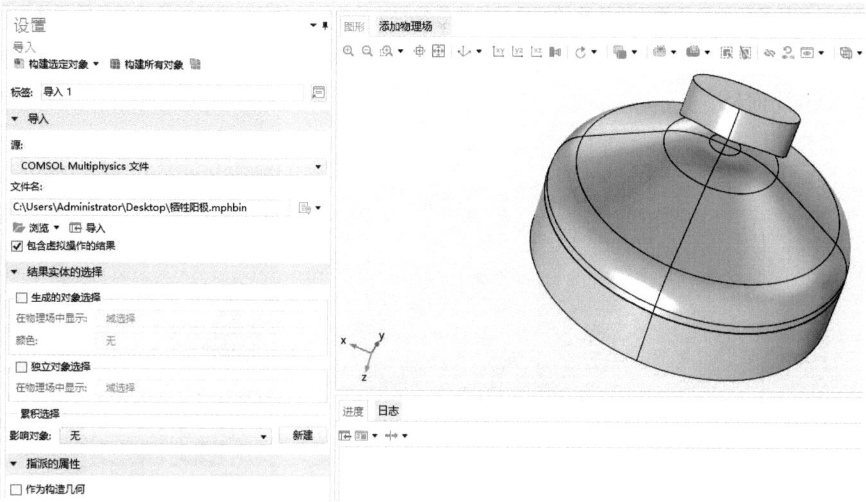

图 4-82　导入几何体 1

创建长方体，右击“几何 1”，选择“长方体”选项，设置长方体宽度为“100”，深度为“100”，高度为“100”，在“位置”下设置基准为“角”，并设置位置坐标 x 为“-100”，y 为“300”，z 为“-820”，如图 4-83 所示。

图 4-83　创建长方体 1

右击“几何 1”，选择“布尔操作和分割”→“差集”选项，设置要添加的对象为“blk1”，要减去的对象为“imp1”，单击“构建选定对象”按钮，生成如图 4-84 右侧所示的几何体。

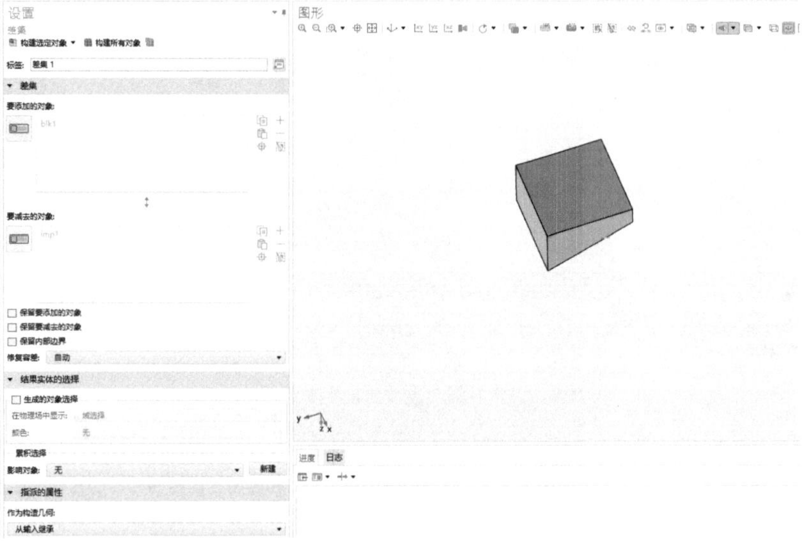

图 4-84　差集操作

右击“几何 1”，选择“导入”选项，单击“浏览”按钮，选择需要导入的几何体 2，并单击“导入”按钮，将几何体 2 导入软件，如图 4-85 所示。

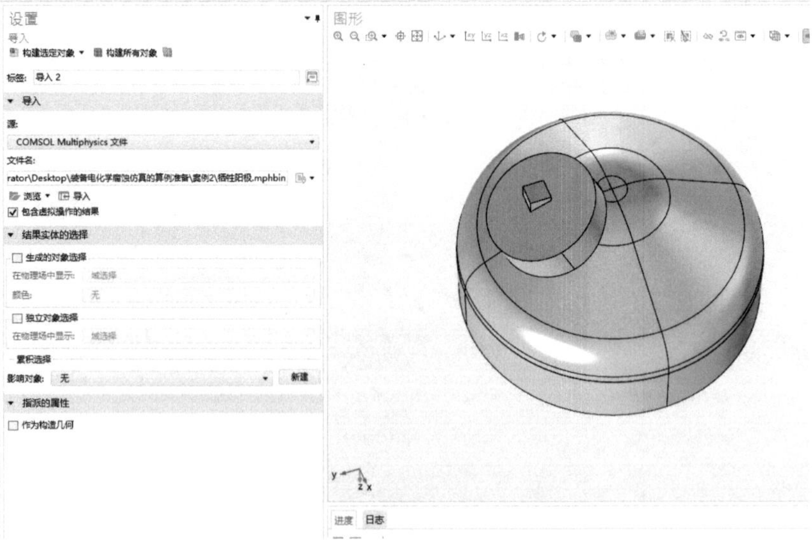

图 4-85　导入几何体 2

右击“几何 1”，选择“布尔操作与分割”→“分割对象”选项，设置要分割的对象为“imp2”，工具对象为“dif1”，单击“构建选定对象”按钮，如图 4-86 所示。

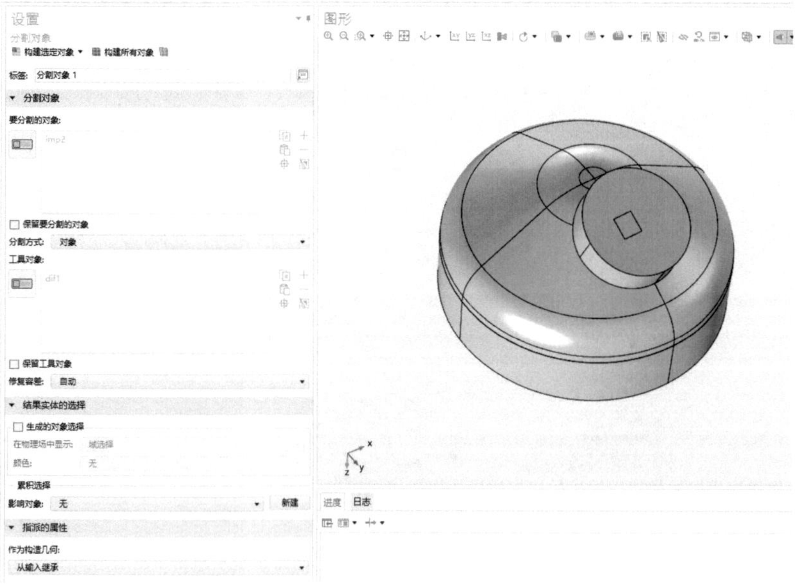

图 4-86　分割对象操作

单击“几何 1”下的“形成联合体”，并单击“构建选定对象”按钮，形成联合体，如图 4-87 所示。

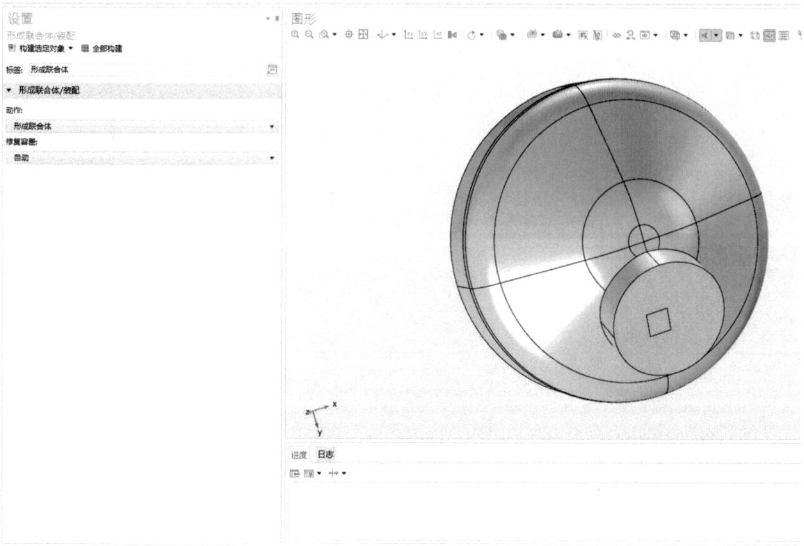

图 4-87　形成联合体

4. 参数设置

单击“全局定义”下的“参数 1”，进行参数设置，如图 4-88 所示。

图 4-88　参数设置

5. 定义设置

右击“定义”，选择“选择”→“显示”选项，将标签设置为“Zn”，在几何实体层中选择如图 4-89 所示的边界。

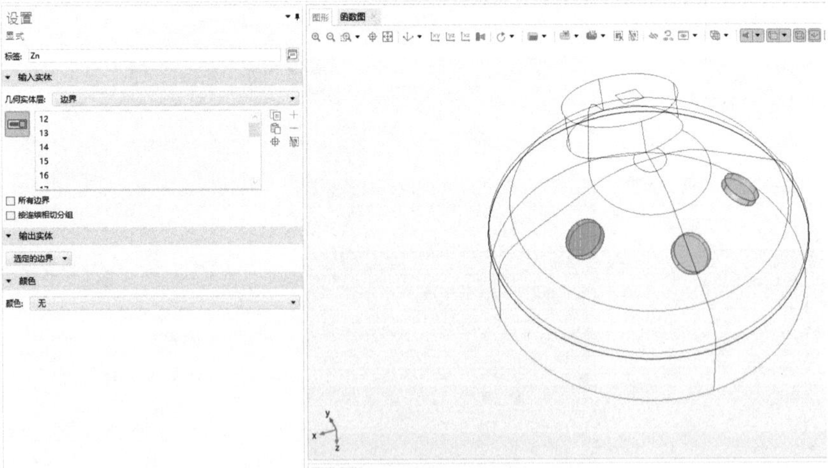

图 4-89　Zn 边界定义

右击“定义”，选择“选择”→“显示”选项，将标签设置为“所有表面”，选择所有的边界，如图 4-90 所示。

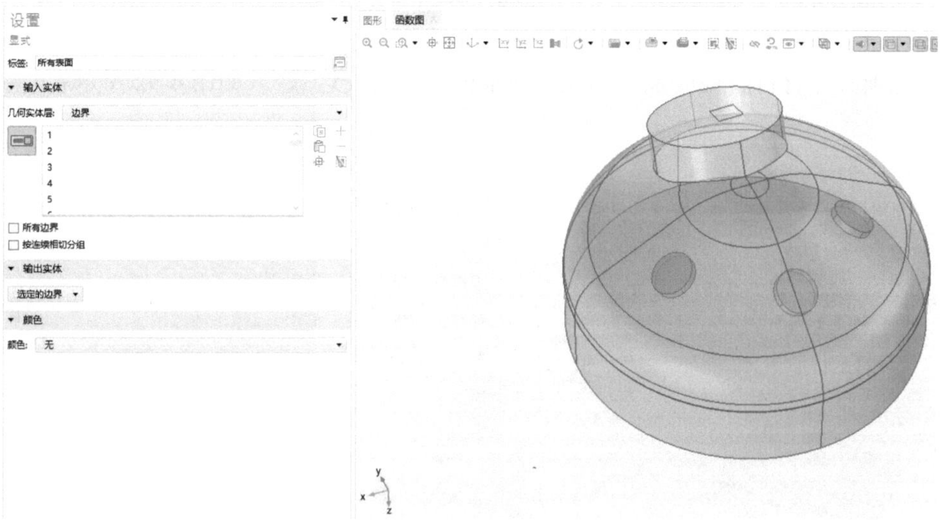

图 4-90　所有表面边界定义

右击“定义”，选择“选择”→“差集”选项，将标签设置为“法兰换热管”，并设置要添加的选择为“所有表面”，要减去的选择为“Zn”，如图 4-91 所示。

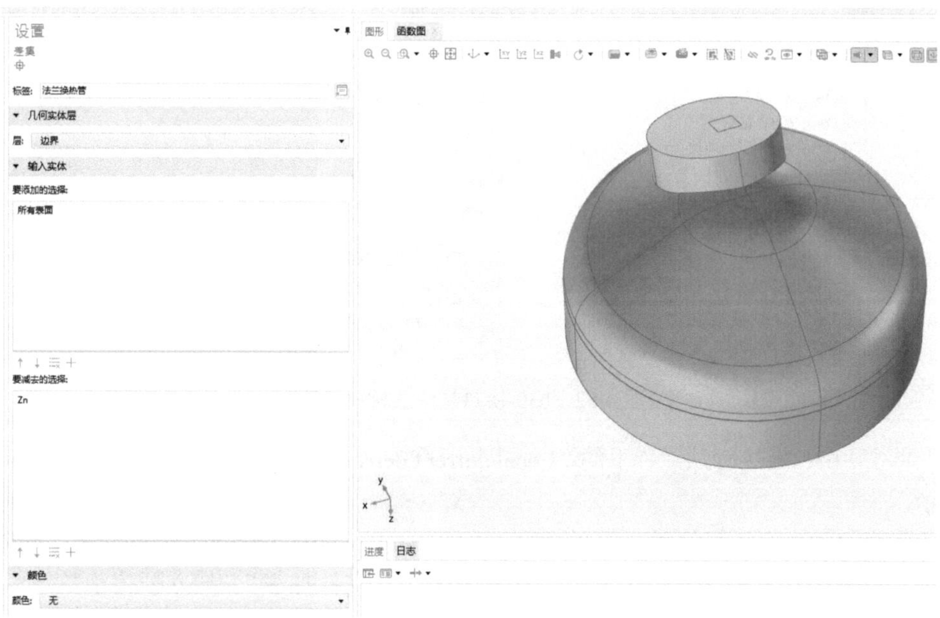

图 4-91　法兰换热管边界定义

6．材料设置

右击“材料”，选择“空材料”选项，将标签设置为“b30-换热管法兰”，在“几何实体层”下拉列表中选择“边界”选项，在“选择”下拉列表中选择“法兰换热管”选项，在材料属性明细中添加“局部电流密度表达式”，如图 4-92 所示。

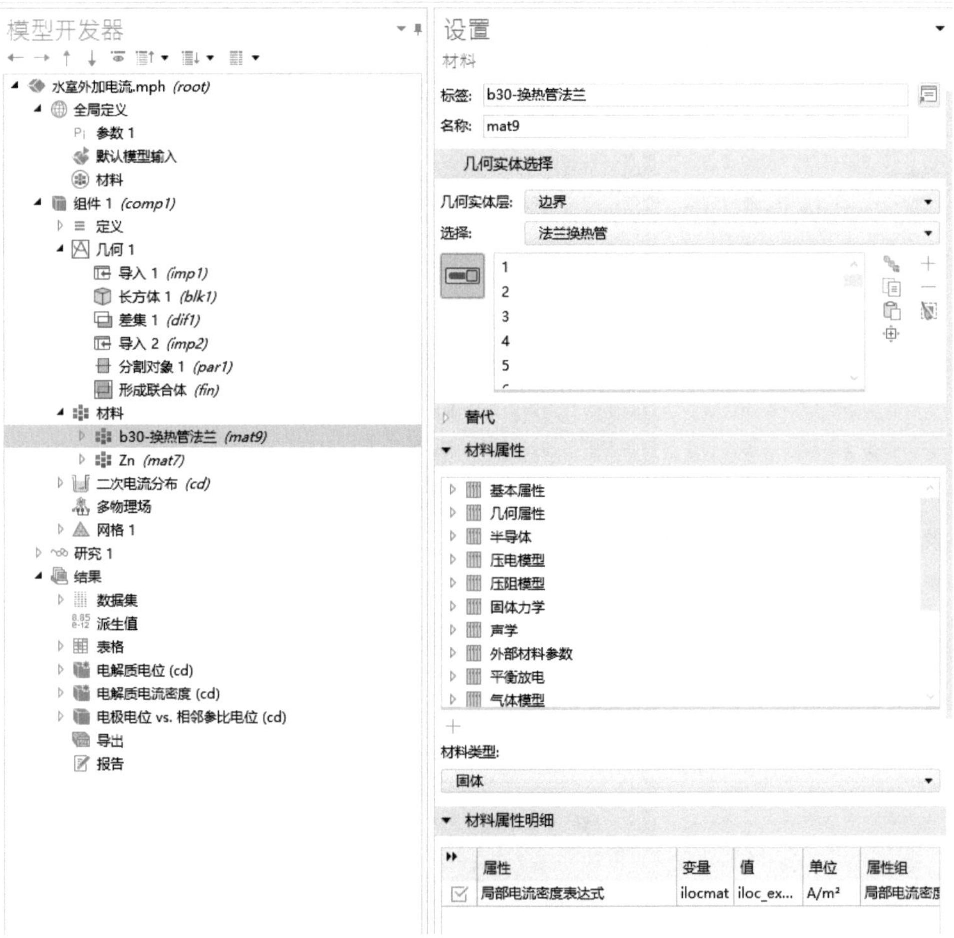

图 4-92　b30-换热管法兰材料设置

单击“b30-换热管法兰”下的“Local current density”，并设置局部属性，如图 4-93 所示。

右击“b30-换热管法兰”下的“Local current density”，选择“函数”→“插值”选项，设置函数名称为“iloc_exp”，接着单击“从文件加载”，导入插值函数点，设置插值为“分段三次”，外推为“线性单元”，如图 4-94 所示。

图 4-93 b30-换热管法兰局部电流密度设置

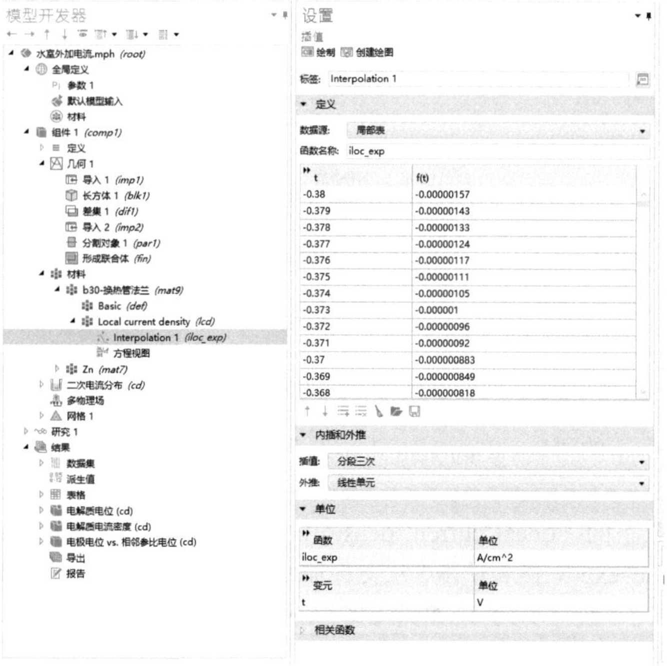

图 4-94 b30-换热管法兰局部电流密度表达式设置

右击“材料”，选择“空材料”选项，将标签设置为“Zn”，在“几何实体层”下拉列表中选择“边界”选项，在“选择”下拉列表中选择“Zn”选项，并在材料属性明细中添加“局部电流密度表达式”，如图 4-95 所示。

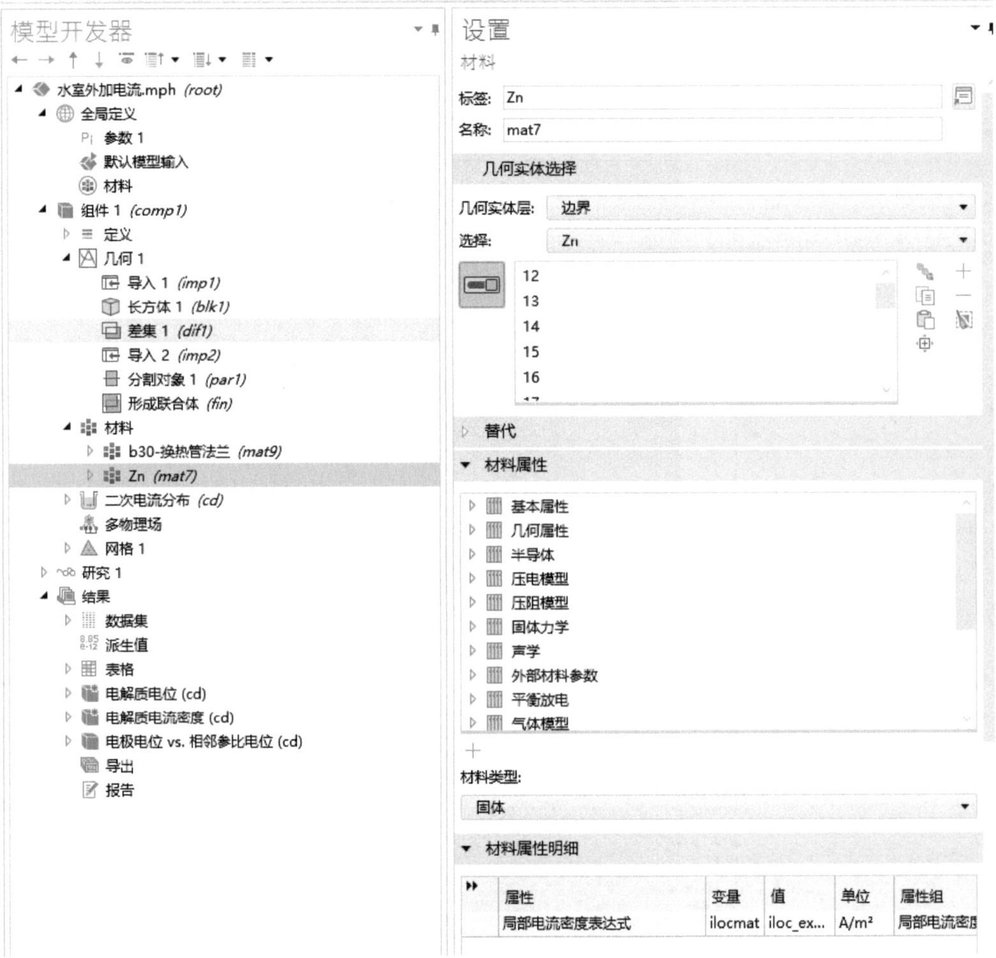

图 4-95　Zn 材料设置

单击“Zn”下的“Local current density”，并设置相应的局部属性，如图 4-96 所示。

右击“Zn”下的“Local current density”，选择“函数”→“插值”选项，设置函数名称为“iloc_exp”，接着单击“从文件加载”，导入插值函数点，设置插值为“分段三次”，外推为“线性单元”，如图 4-97 所示。

图 4-96　Zn 局部电流密度设置

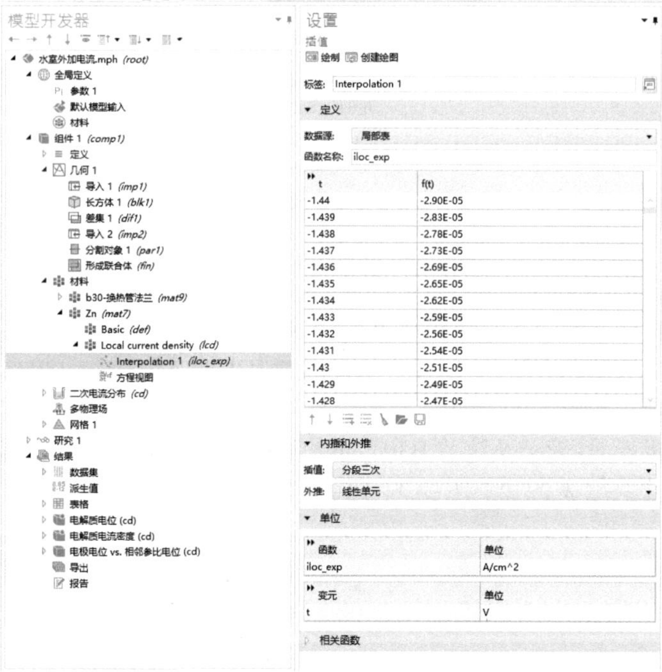

图 4-97　Zn 局部电流密度表达式设置

7. 物理场设置

本案例采用了“二次电流分布”物理场，下面对物理场设置进行说明。

控制方程参数设置。单击“二次电流分布”下的“电解质 1”，设置电解质电导率为“用户定义”，并输入最开始定义的“sigmal”，如图 4-98 所示。

图 4-98　控制方程参数设置

边界条件设置。右击“二次电流分布”，选择“电极表面”选项，将标签设置为“电极表面 管子及法兰 B30”，并在“边界选择”下的“选择”下拉列表中选择“法兰换热管”选项，如图 4-99 所示。

单击“电极表面 管子及法兰 B30”下的“电极反应 1”，设置平衡电位为“0”，并在“局部电流密度表达式”下的下拉列表中选择“来自材料”选项，如图 4-100 所示。

图 4-99 法兰换热管电极表面设置

图 4-100 法兰换热管电极反应 1 设置

初始值设置。单击“二次电流分布”下的“初始值 1”，设置电解质电位为“-0.2”，电势为“0”，如图 4-101 所示。

图 4-101　初始值设置

8. 网格剖分

单击“网格 1”，在“序列类型”下的下拉列表中选择“用户控制网格”选项，如图 4-102 所示。

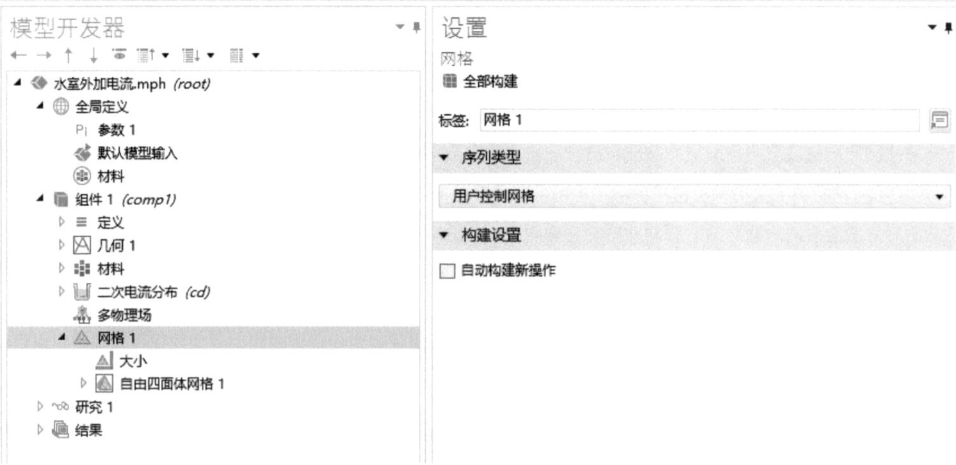

图 4-102　用户自定义网格

单击“网格 1”下的“大小”，设置单元大小为“细化”，如图 4-103 所示。

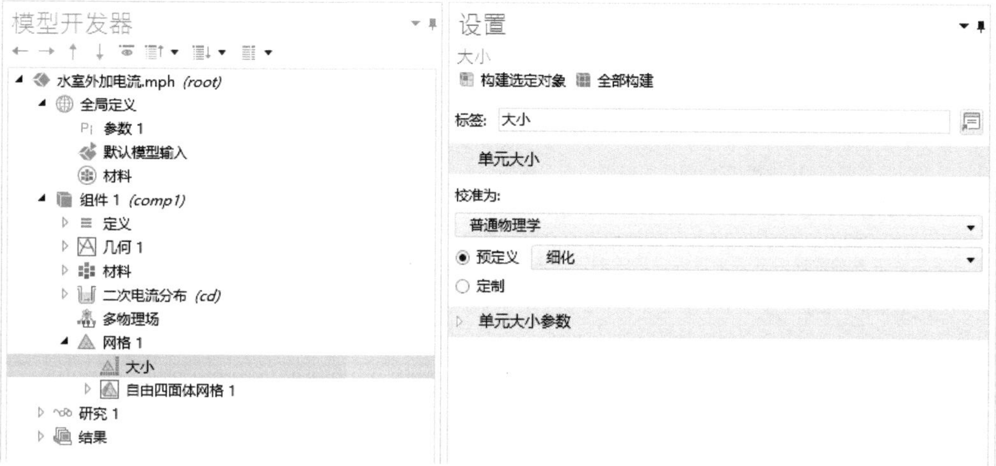

图 4-103　单元大小设置

单击“网格 1”下的“自由四面体网格 1”，并单击“构建选定对象”，对模型进行网格剖分，如图 4-104 所示。

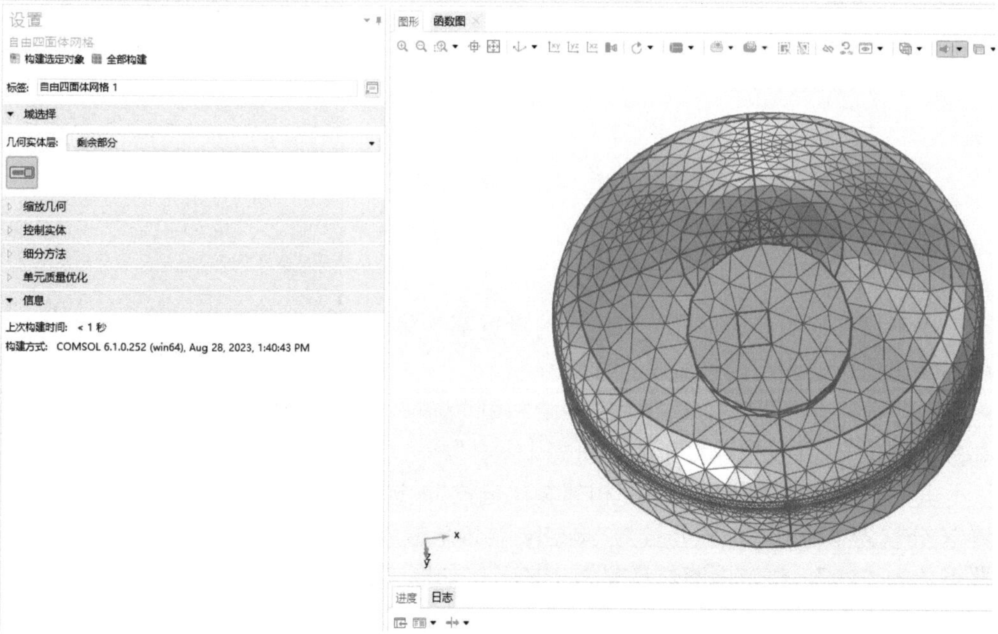

图 4-104　网格剖分结果图

9. 求解器设置

右击“研究 1”，选择“显示默认求解器”选项，单击“计算”按钮进行求解，如图 4-105 所示。

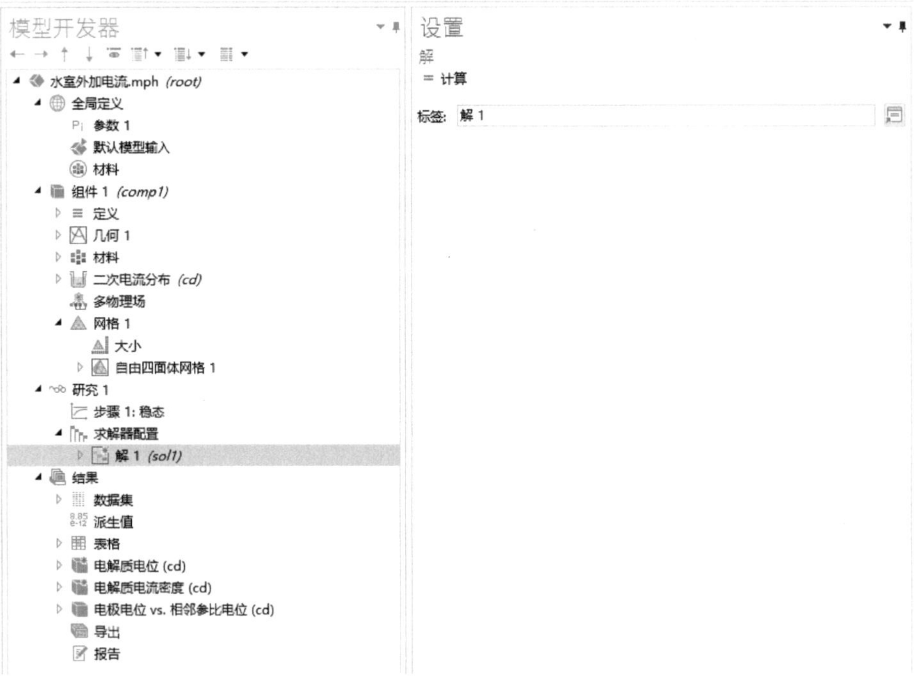

图 4-105　求解器设置

10. 后处理

由于该模型的后处理部分中所有的设置都是默认的，所以此处只对电极电位 vs. 相邻参比电位绘图组的设置是行详细介绍。

首先，右击“结果”，选择“三维绘图组”选项，将标签设置为“电极电位 vs. 相邻参比电位”，并设置数据集为“研究 1/解 1”。

其次，右击“电极电位 vs. 相邻参比电位”，选择“流线”选项，在表达式中设置 X 分量为“cd.Ilx”，Y 分量为“cd.Ily”，Z 分量为“cd.Ilz”，在“流线定位”下设置点数为“20”，将范围商数设置为“100”，如图 4-106 所示。

再次，右击“电极电位 vs. 相邻参比电位”，选择“表面”选项，设置数据集为“来自父项”，表达式为“cd.Evsref”，如图 4-107 所示。

最后，单击“绘制”按钮，生成如图 4-108 所示的电极电位 vs. 相邻参比电位图。

图 4-106 电极电位 vs. 相邻参比电位流线图设置

图 4-107 电极电位 vs. 相邻参比电位表面图设置

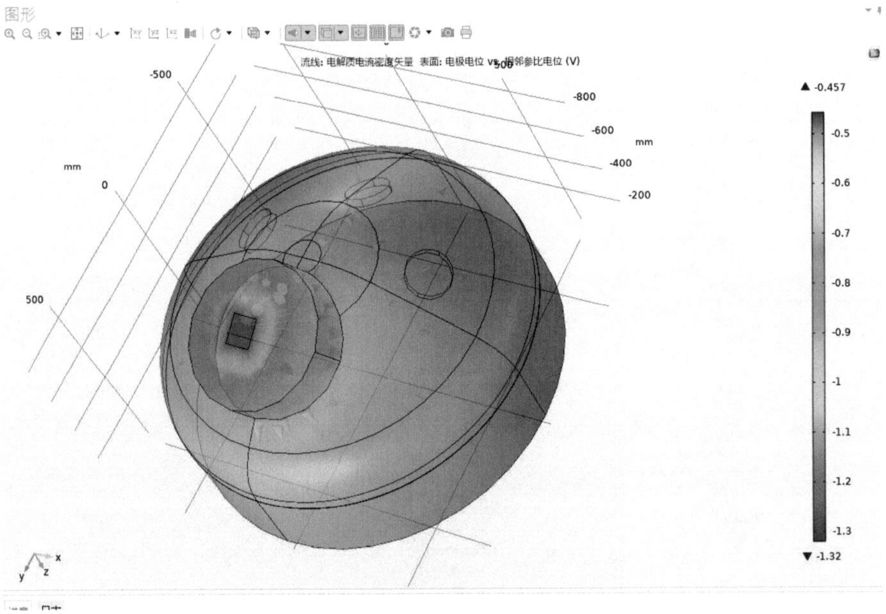

图 4-108　电极电位 vs. 相邻参比电位图

在海水冷却设备外加电流阴极保护设计仿真案例中，我们深入了解了外加电流阴极保护技术的原理和应用。以下是对这个仿真案例关键点的总结。

原理阐述：通过施加外部电流，金属表面被极化至较低电位，降低了金属的腐蚀速率，这是通过电化学反应，包括氧还原反应和水的电解来实现的。

保护机制：该案例通过仿真说明了外加电流如何形成一个保护性的电化学屏障，防止水中的氧气和其他腐蚀物质对金属表面产生腐蚀。这个保护机制对于保持金属结构的完整性至关重要。

外加电流阴极保护技术的应用广泛，如可用于水池、管道、船舶、油罐等暴露在潮湿或腐蚀性环境中的金属结构。通过仿真，我们可以更好地理解该技术在不同环境中的应用效果。外加电流阴极保护技术仍在不断发展，未来可能会有新的材料和方法用于提高其效率和可持续性。该案例为金属结构的腐蚀防护提供了重要的理论知识和数据支撑，并且为未来的工程和研究工作提供了有价值的参考。

第5章

装备腐蚀防护数字孪生

2002 年 12 月，密歇根大学的迈克尔·格里弗斯教授在产品生命周期管理（PLM）中心启动会上提出数字孪生相关的概念，并进一步在其著作中明确指出，数字孪生应当包括物理实体、虚拟体（数字孪生体）和两者之间的双向信息流动。

2012 年，美国国家航空航天局（NASA）和美国空军研究实验室（AFRL）在美国航空航天学会（AIAA）大会上正式提出数字孪生的权威定义，即数字孪生是飞行器集成多物理场、多尺度的概率性仿真过程，它使用最好的可用物理模型、传感器更新数据和历史飞行数据等来反映模型对应的飞行器实体在寿命周期内的真实特性。

近年来国内数字孪生如火如荼地在各个行业展开应用，比较典型的有数字政务、工业智能化、智慧城市和智慧交通等，这些数字孪生应用共同的表现形式特点为概览式全要素数据可视化，其本质为数据运营，并没有体现出 AIAA 大会上提出的“集成多物理场、多尺度的概率性仿真过程”。国外推动数字孪生产业发展的是 Ansys、达索和西门子等仿真巨头企业，它们无一不在工业软件领域经过了 20 年甚至 30 年以上的发展；国内推动数字孪生产业发展的企业以 IT 或互联网企业为主。笔者认为，数字孪生是以数据为基础、以模型为灵魂、以模型 V&V（验证与确认）为准绳的智能化技术。以集成多物理场、多尺度的概率性仿真为内核，是数字孪生技术区别于其他技术的关键特征。

由于国内数字孪生产业仍处于理论探索阶段，具体的项目实施方法众说纷纭，因此本章将简要阐述美国成功实施的数字孪生项目——F-15C 机身数字孪生体（ADT，Airframe Digital Twin）。先介绍其关键技术，使读者领略数字孪生真实的魅力，再结合国内已有的技术优势阐述如何将数字孪生应用到腐蚀与防护领域，打造装备的环境适应性数字化体系。

5.1 数字孪生简介

数字孪生产业化最初是为了解决美国空军面临的难以承受的装备日常维护开支

攀升问题。公开数据表明，美国空军的装备日常维护开支约占总开支预算的 70%，如 F-22 战机的造价约为 1.5 亿美元，但在寿命周期内的日常维护开支却高达 5.5 亿美元。因此，AFRL 在 2009 年左右正式开始落实数字孪生在航空领域的应用，期望通过预测性维护的方法降低成本并延长装备服役寿命。NASA 预计，到 2035 年，数字孪生应用将使飞行器的保养、维修成本减半，使其服役寿命总体延长 10 倍。

美国空军从诸多装备中遴选出服役数量多、执行任务频次高的 F-15C 战机，提出了面向结构健康管理的数字孪生建设理念，通过将多学科物理模型集成到 F-15C 机身数字孪生体中，综合历史数据库、构型设计、损伤传感器等的数据信息，进行高可信度的结构仿真及实时材料状态演化，管理并减小多源不确定性，最终实现机身的结构完整性预测。F-15C 机身数字孪生体原理图如图 5-1 所示。

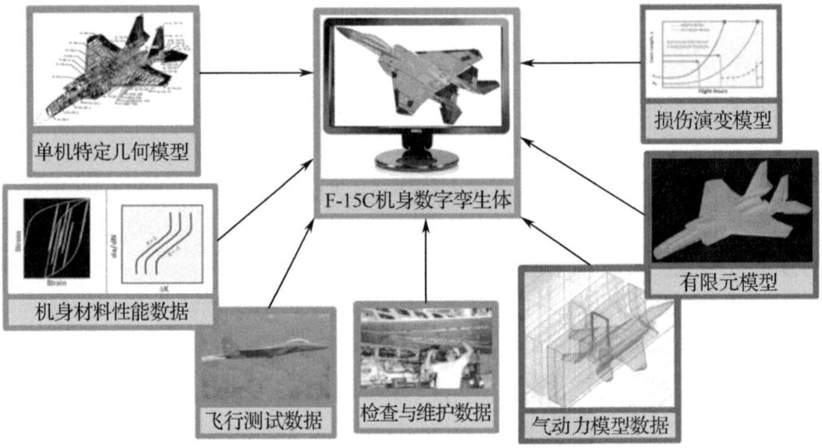

图 5-1　F-15C 机身数字孪生体原理图

从技术实施的角度来讲，F-15C 机身数字孪生体的整体构建思路如下。

第一，通过合适的传感器布局及历史数据提取技术，采集真实的机身载荷和损伤状态量化数据。

第二，通过多尺度的力学建模技术，构建 F-15C 战机不同层级的物理模型，为机身结构的力学分析提供全尺寸模拟模型基础。

第三，构建包含裂纹的高精度机身模型，开发结构疲劳的损伤扩展及断裂评估算法。

第四，通过降阶模型技术，构建数字孪生体可以高效求解的模型，以满足计算时效性要求。

第五，通过多源不确定性量化技术，综合评估机身的剩余寿命。

通过上述五种关键技术，可以进一步得到 F-15C 机身数字孪生体技术框架，如图 5-2 所示。

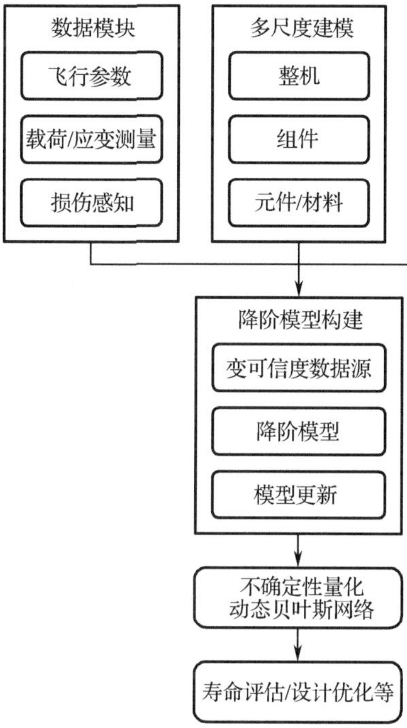

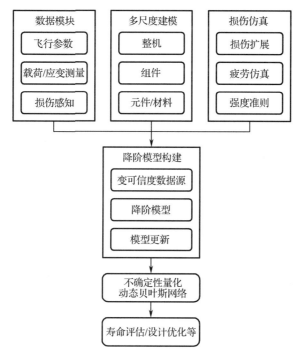

图 5-2　F-15C 机身数字孪生体技术框架

从图 5-2 中可以观察到，F-15C 机身数字孪生体是一个与现实交互的动态模型，会随着数据模块的不断更新而演化，是数据、模型和不确定性量化（前文提到的概率性仿真）协同运行的模型。得益于这五种关键技术，F-15C 机身数字孪生体具备以下优势。

（1）多物理场耦合：F-15C 机身数字孪生体为了精确地描述机身结构的寿命状态，并没有局限于单物理场的结构力学，而是综合了多种密切相关的物理场，涵盖空气动力学、流固耦合、材料力学和损伤扩展等诸多物理模型。

（2）多尺度建模：F-15C 机身结构的尺寸从整机的 10m 量级到裂纹的 μm 量级，几何尺度从整机到部件，再到元件甚至材料，对此需要构建一系列高保真模型及对应的降阶模型来精确刻画战机的状态和力学行为。

（3）求解时效性：F-15C 机身数字孪生体由于需要根据真实载荷数据快速对结构损伤状态做出预测，并不断根据实时监测的新数据对模型进行完善，因此对于实时数据融合、模型更新和求解过程都提出了较高要求，需要构建高效、高精度和高可信度的降阶模型，以实现近实时求解的计算需求。

（4）概率性/不确定性量化：人类构建的所有模型在真实服役环境下应用时都不可避免地会遇到主观不确定性和客观不确定性，前者通常是指因人们对事物的认识不够、采用不合理的描述方法而产生的不确定性，后者则包含设计加工过程中的误差、环境因素影响及非均匀的材料力学特性等。对于战机这种复杂结构系统，由于其各部件之间的不确定性累积会导致意想不到的偏差，因此要通过不确定性量化技术评估并优化模型的可信度，不断提升模型输出的精确性和可靠性。

（5）虚实交互：在迈克尔·格里弗斯教授所阐述的数字孪生三要素中，就包含物理实体和数字孪生体两者之间的双向信息流动。一方面，通过监测物理实体获取的数据可以作为数字孪生体的计算输入及精度优化目标；另一方面，数字孪生体的计算结果可以与实时损伤监测数据融合，为机身结构的健康状态提供可靠的评估分析，指导当前的保养、维修决策。

通过上述关键技术和技术优势的简介不难看出，数字孪生技术先通过多物理场、多尺度建模技术获取高保真的计算结果，然后通过历史数据和地面检修数据等信息不断修正仿真模型，再通过构建可快速求解的降阶模型来加快响应速度，最后将不确定性量化及实时状态感知相结合，实现机身结构剩余寿命的高可信度预测。通过解读 F-15C 机身数字孪生体的整体构建流程了解数字孪生技术，对我国构建腐蚀防护数字孪生体有着重要的指导意义。

5.2 腐蚀防护数字孪生关键技术

5.2.1 数据获取技术

目前腐蚀防护数据的获取方法可以分为三类：通过传感器直接测量、历史数据挖掘和仿真。

考虑到实际的装备服役环境复杂，与常规实验室条件下各种因素受控的理想情况差异较大，笔者认为对于腐蚀防护数据获取系统的构建，应当以腐蚀控制为核心，以腐蚀环境全量感知为主体，以腐蚀传感器布局为抓手，以视觉（或无损）检测为辅助，以加速及自然环境试验为长期数据基础。从技术规划的角度来讲，腐蚀防护数据获取系统的布局应当从以下三个级别开展。

第一级别：以重点任务及国家地理经纬度为主体，开展全量感知与定量评估。

第二级别：采用移动式系统，绘制典型任务环境剖面图。

第三级别：考虑局部环境、海岸距离、山脉走向、特殊地形等细节因素，感知温度和湿度、盐雾沉降、金属腐蚀状态等信息。

从技术实施的角度来讲，应当发挥当前国内工业自动化和信息化的优势，在现代物流技术、传感技术、自动控制技术及通信技术的基础上，研究部署真实服役环境下的集成式腐蚀防护数据获取系统，根据上述技术体系的构思，该系统至少包含以下几个支撑性子系统：环境感知子系统、介质感知子系统、腐蚀感知子系统、环境试验子系统、机器视觉子系统、电化学分析子系统、数据通信子系统等，如图 5-3 所示。

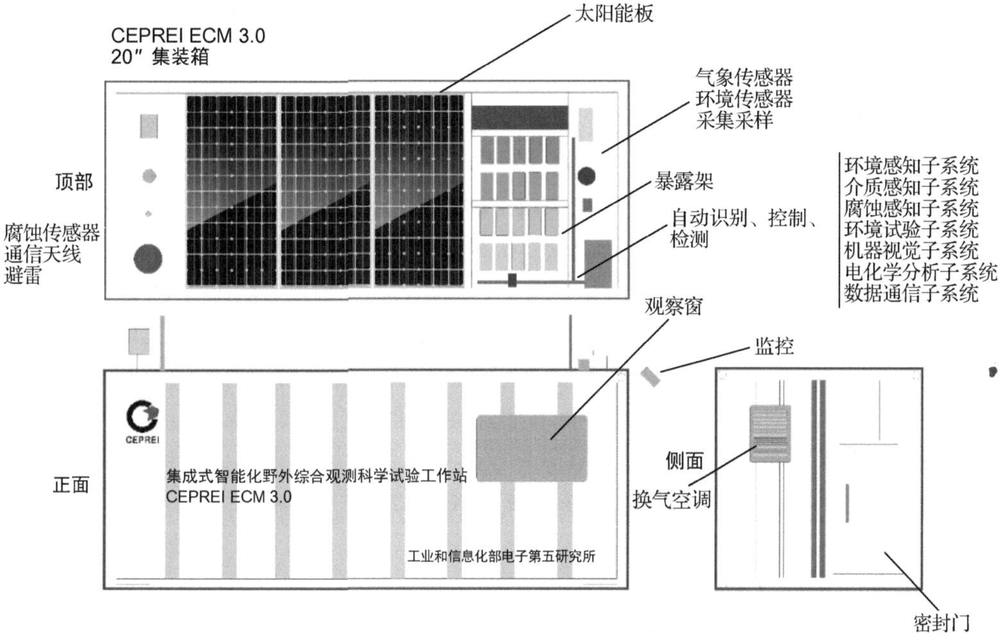

图 5-3 集成式腐蚀防护数据获取系统示意图

将上述子系统建设成为具备无人值守、数据远程传输和实时采集等优势的软硬件综合平台，可实现实时采集多地域腐蚀环境数据，并且能够全量感知腐蚀速率，构建“电化学材料（mm 量级）—环境因素（m 量级）—宏观气象（km 量级）”多尺度的腐蚀实测数据链，为腐蚀防护策略制定、检查预警、保养、维修、寿命评估等工作提供指导。

5.2.2 腐蚀仿真技术

腐蚀仿真技术利用环境特征、材料属性和腐蚀机理建立数学物理模型，通过有限元法或边界元法等算法及软件实现腐蚀寿命的求解分析。我国腐蚀仿真行业基础薄弱，至今尚未开发出一款可用于装备服役安全设计和寿命评估的腐蚀仿真软件，目前主要以进口 Corrosion Djinn、BEASY、CorrosionMaster 等软件为主，亟须开发自主可控的多尺度腐蚀仿真软件。

纵观欧美主流的腐蚀仿真软件，除了都具有前后处理功能，还包含以下核心功能模块：腐蚀机理模型、工程经验算法、数值求解算法。

腐蚀机理模型的构建约占腐蚀仿真软件整体研究工作量的 25%～30%，涉及电极动力学方程［涵盖欧姆极化、电化学极化（又称活化极化）、浓差极化三种形式］、多组分传质理论、流体力学和麦克斯韦方程等诸多学科的知识，如果结合具体的装备服役环境，如土壤、大气、海洋和工业高温/高酸等环境，则会衍生出更多的理论与方程组，如对应土壤环境的多孔介质理论，对应大气环境的薄液膜理论，以及对应工业高温环境的高温腐蚀化学动力学方程等。

工程经验算法的开发占腐蚀仿真软件整体研究工作量的 40%～45%，这是工业软件区别于 IT 类软件的核心所在。工程经验算法的开发基于大量工程数据的积累，以及腐蚀工程人员对装备腐蚀场景的深刻理解，而且很多理解需要大量沟通、测试验证和对标确认才能转化为可量化的函数算法。针对不同的服役环境，工程经验算法会有较大差异，大体上涵盖三个方面的因素：自然环境因素，如温度、湿度和 Cl^- 浓度等对腐蚀动力学的影响；材料属性，如表面状态、结构形式和极化曲线等对腐蚀电流密度的影响；载荷状态，如高温、周期性应力加载和杂质冲刷等对腐蚀机制的影响等。如何量化上述工程因素对腐蚀寿命的影响，是我们当前面临的一大挑战。

数值求解算法的开发占腐蚀仿真软件整体研究工作量的 25%～35%，当下主流的腐蚀仿真软件多采用有限元法和边界元法求解电化学控制方程，对于腐蚀产物造成的沉积或蚀坑采用移动网格技术进行表征，其难点在于：第一，腐蚀反应界面包含电极动力学、电场、多组分传质场、界面移动和流场等多物理场耦合，非线性程度较高，对数值算法的稳定性和收敛性要求较高；第二，装备的腐蚀往往涉及跨尺度求解，从 mm 量级的元件材料变化，到 1m 量级的整体管系，甚至到 100m 量级的整装层级，对开发腐蚀仿真相关的子模型技术和并行计算技术提出了较高要求。

在结合上述内容的基础上，笔者根据多年的腐蚀仿真经验，提出了自主可控的腐蚀仿真技术框架，如图 5-4 所示。

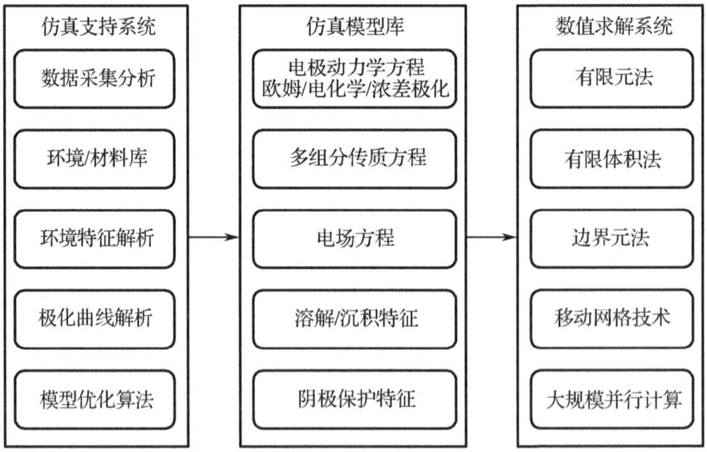

图 5-4　自主可控的腐蚀仿真技术框架

上述技术框架中的仿真模型库和数值求解系统在本书第 3 章、第 4 章已经做出论述，本节仅对仿真支持系统中的环境特征解析进一步进行阐述，这是因为腐蚀的本质是金属材料与环境发生物理化学反应，如何将环境因素纳入腐蚀防护数字孪生体是构建仿真支持系统的核心内容之一。

腐蚀根据环境类型的不同可分为大气腐蚀、土壤腐蚀、溶液腐蚀及工业环境腐蚀等，本节以普遍存在的大气腐蚀为例展开介绍。大量的研究结果表明，材料在不同类型的大气环境下的腐蚀行为与腐蚀速率有很大差异，主要是因为在不同类型的大气环境下气候因子的种类不尽相同，即使种类相同其浓度也不同。一般考虑的大气腐蚀环境因素如表 5-1 所示。

表 5-1 一般考虑的大气腐蚀环境因素

序号	名称	作用方式
1	相对湿度	影响液膜厚度，根据金属腐蚀速率与表面液膜厚度之间的关系分为 4 类。 （1）干大气腐蚀：在厚度为几个分子到几十个分子的液膜中，金属表面不能形成连续液膜，从金属中溶解的阳离子数量不足以使水分子被溶剂化，即不能发生充分的溶解反应，故此时金属几乎不发生腐蚀。 （2）潮大气腐蚀：随着相对湿度的增加，金属表面液膜厚度开始增大（为 10nm～1μm），溶解的阳离子数量增多，腐蚀速率增大。 （3）湿大气腐蚀：随着相对湿度的继续增加，金属表面液膜厚度增大到 1μm～1mm，此时液膜厚度超过了氧扩散层的厚度（Nernst 扩散层厚度），因为阴极反应的氧扩散通量是一个定值，所以在此范围内腐蚀速率变化很小。 （4）厚液膜腐蚀：当相对湿度很大时，金属表面液膜厚度大于 1mm，此时的腐蚀几乎就是溶液中的腐蚀，腐蚀速率与液膜厚度无关
2	温度	（1）影响动力学常数：温度能够在很大程度上影响电解液中传质过程和电极表面电化学反应的动力学常数。 （2）影响溶解氧扩散：因为在一定的温度范围内，液膜中的溶解氧扩散到金属表面的速率随着温度的升高而增大，所以金属的电化学反应，尤其是阴极反应速率也随着温度的升高而增大，即温度的升高会促进金属的电化学腐蚀。 （3）影响液膜形成及物质溶解度：温度还会影响金属表面水的凝聚、液膜中溶解的腐蚀气体、盐类及其他杂质的含量，从而改变液膜的电导率，进而影响金属电化学腐蚀的反应速率
3	溶解氧	在大气环境下，金属表面电解液中的 H^+浓度较小，呈弱酸性，此时阴极反应为电极表面的氧还原反应，整个阴极反应的控制步骤为电解液中的溶解氧到电极表面的扩散步骤，即阴极电流受溶解氧的扩散控制，金属的腐蚀速率取决于阴极氧还原反应的速率。也就是说，金属的腐蚀速率随着 O_2 浓度的增加而增大，但腐蚀速率达到一定程度后会产生钝化，导致腐蚀速率减小

续表

序号	名称	作用方式
4	盐离子浓度	（1）形成电解质薄膜：当液膜中溶解了 NaCl、$MgCl_2$ 等腐蚀性物质，使金属表面的液膜具有导电性而成为电解质薄膜时，在这层电解质薄膜作用下，金属的腐蚀速率逐渐增大。 （2）影响腐蚀机理：Cl^- 具有很强的侵蚀性，极易诱发点蚀。许多研究表明，液膜中的 Cl^- 具有很强的吸附力，并且会优先吸附在金属表面的活性位置（如钝化膜薄弱处或金属缺陷处），Cl^- 会与金属表面的钝化膜发生化学反应，破坏钝化膜
5	SO_2	大气中的 SO_2 溶解在金属表面的液膜中会形成 SO_4^{2-}，导致液膜酸化，酸性的液膜会破坏材料表面的钝化膜，使金属基体暴露出来，从而加剧金属的大气腐蚀
6	其他腐蚀性气体	包括 H_2S、NO_2、CO_2 等。大气中的 NO_2 溶解在金属表面的液膜中会生成 NO_3^-，NO_3^- 具有一定的去极化作用，会加速腐蚀。但是与 H_2S 等腐蚀性气体一样，它们自身对金属的腐蚀作用并不明显，主要通过与 Cl^- 等共同作用，加速金属的大气腐蚀

根据上述大气腐蚀环境因素的作用方式，可以通过经验拟合与公式推导相结合的方式，将大气腐蚀环境因素转换为腐蚀仿真必要的动力学特征参数，如液膜厚度、pH、氧扩散系数和电导率等，进一步通过电流密度修正的方式将这些动力学特征参数解析为腐蚀电流密度函数中对应的公式项。

5.2.3 降阶模型技术

5.2.2 节介绍的基于空间离散方法的腐蚀仿真技术在面对复杂部件仿真，或者需要进行多学科优化设计时，会产生大量设计变量，即使采用超算或并行算法也存在耗时长及难度大的问题。降阶模型是高保真模型的简化形式，在保留所关注变量和敏感性因素的同时可大幅度缩短求解时间、减少硬件需求。若将其应用于装备腐蚀仿真计算的寿命预测、参数反演和优化设计，则可以满足数字孪生的时效性要求，为近实时健康状态评估提供可靠的工具。

现有的降阶模型构建方法主要有三类：模型简化法、投影法和数据拟合法。模型简化法是指对现有模型进行细节简化，如减少网格数量，或者将浓差极化简化为欧姆极化等。投影法是指通过数学推导将控制方程投影到降阶的子空间中，如常用的本征正交分解方法或动态模式分解方法等。数据拟合法也称为代理模型法，通过纯粹数学拟合的方式得到输入和输出参数之间的映射关系。常用的数据拟合法有响应面方法、克里金方法和神经网络方法，这三类方法可以混合使用，如近年兴起的内嵌物理知识神经网络方法，就是将物理方程作为约束条件加入神经网络使其拟合的结果更加符合物理规律的方法。

针对高保真模型计算量大、时效性低的特点，腐蚀防护数字孪生引入降阶模型技术是未来工程应用的必由之路。因此，笔者根据航空航天装备领域成熟的研究经验，提出了构建降阶模型的技术思路，如图 5-5 所示。

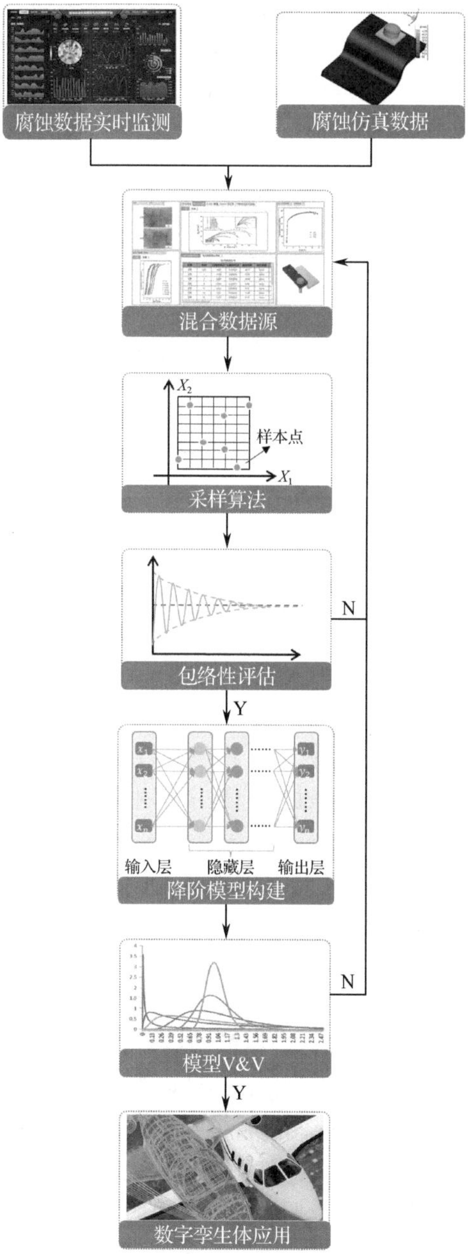

图 5-5　构建降阶模型的技术思路

5.2.4 基于不确定性的腐蚀寿命评估技术

著名统计学家 George E. P. Box 曾说：所有模型都是错误的，但一些是有用的。笔者认为，由于模型始终都与物理实体存在偏差，因此模型可信度是装备腐蚀仿真计算领域首要考虑的问题。不确定性量化是模型可信度评估的核心技术之一。常规的仿真计算均为确定性计算，但实际上不确定性存在于工程实践的各个方面。腐蚀仿真建模过程中的不确定性示意图如图 5-6 所示。

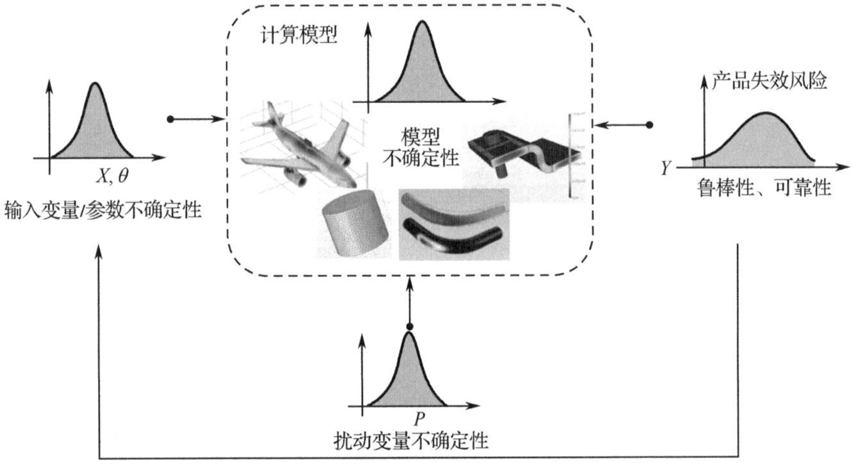

图 5-6　腐蚀仿真建模过程中的不确定性示意图

在进行复杂装备级别的仿真计算时，不确定性的累积将会随材料、元件、部件、整机逐层叠加，因此在构建装备腐蚀防护数字孪生体时，为了确保模型的可信度，不确定性量化势在必行。

腐蚀仿真建模面临的不确定性大致分为两类：第一类是认知不确定性或主观不确定性，它是由人们对研究对象的认知缺乏而产生的，如冲刷腐蚀或空泡腐蚀等多学科交互作用下的腐蚀机制至今尚难以确定；第二类是客观不确定性或随机不确定性，如装备服役环境温度和湿度的变化、载荷的随机性、传感器测量的误差、材料属性参数的误差及计算前处理过程中网格的疏密程度等。

由于多源不确定性严重影响腐蚀寿命评估的精度，因此全面的不确定性分析对腐蚀防护设计、风险评估和腐蚀寿命预测极其重要。面向腐蚀寿命评估的不确定性量化技术整体包含两大部分：多源不确定性量化和灵敏度分析。前者是指识别并描述影响计算过程的不确定性因素，研究它们是如何在计算过程中传播的；后者是指研究模型输入变量/参数的不确定性对计算结果的具体影响。两者结合运用，便可以得到模型计算结果的不确定性大小及敏感性因素。面向腐蚀寿命评估的不确定性量化的整体技术思路如图 5-7 所示。

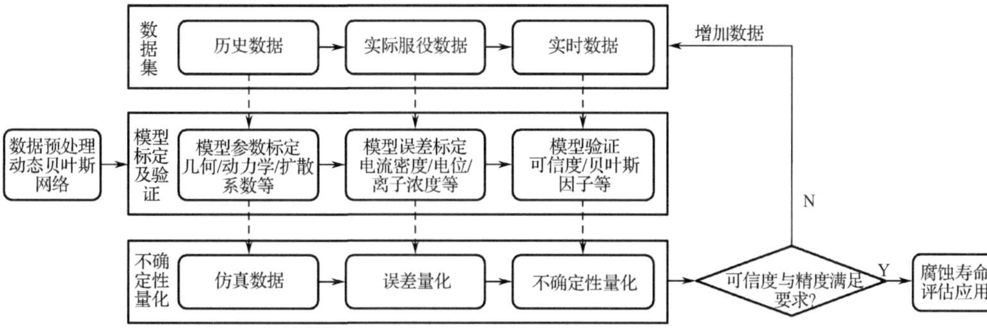

图 5-7　面向腐蚀寿命评估的不确定性量化的整体技术思路

不确定性量化过程包含三个阶段：第一阶段是数据预处理，采集并分析历史数据、实时数据和仿真数据；第二阶段是模型的更新及不确定性量化，提高模型的寿命预测能力；第三阶段是虚实交互应用，完成真实服役环境下的寿命预测任务。

腐蚀防护数字孪生体的构建及部署应当建立在上述四项关键技术突破的基础上。腐蚀防护数字孪生体的成功应用，有助于实现装备腐蚀的早期预警及高可信度腐蚀寿命评估，为下一步的个性化保养、维修提供决策支撑。经过真实服役过程数字化打磨的腐蚀防护数字孪生体模型，对现役装备的技术改进及新型号研制具有重要指导作用。

第6章 装备腐蚀防护数字化转型

腐蚀是材料与环境的相互作用导致的材料损伤、失效，腐蚀环境信息在评估装备和材料腐蚀风险过程中至关重要。腐蚀环境信息主要涉及气候环境因素、腐蚀性介质和腐蚀损伤数据。材料腐蚀学科是严重依赖数据的学科，无论是腐蚀机理与规律研究、测试方法确定、工业标准制定，还是腐蚀事故处理，都严重依赖腐蚀数据及与腐蚀相关的环境数据。由于材料腐蚀过程及材料与环境的相互作用的复杂性，传统片断化的腐蚀数据已经不能适应制造业和社会基础建设快速发展的需要。腐蚀大数据的理论建模与挖掘是揭示腐蚀数据中存在的模式及数据间关系的关键，对大量的复杂腐蚀数据集进行自动探索性分析是腐蚀大数据理论分析的关键。目前大数据研究中所用的各种先进数学工具，都可以用来构建腐蚀仿真模型，表征数据之间的因果关系，揭示以往传统片断化的腐蚀数据无法阐明的腐蚀机理与规律。目前，气候环境因素、腐蚀性介质及腐蚀损伤的观测在各自的领域内均已形成相关方法体系，但是三者尚未实现统一协作。特别是与腐蚀效应息息相关的空气中 Cl^-浓度的监测，仍呈现出自动化采集水平低、测试间隔时间和周期长、人为干扰影响大等诸多问题。

针对目前存在的问题，构建装备腐蚀感知物理信息系统十分重要。围绕这一需求，笔者结合装备环境数据智能化采集与模型构建、腐蚀环境及腐蚀速率传输与全量感知系统构建、腐蚀热点仿真评估与专业数据系统构建等方面的研究，构建了一套装备腐蚀感知物理信息系统，为装备腐蚀防护数字化转型提供了一定技术参考和支撑。本章重点对装备腐蚀感知物理信息系统的相关技术进行说明。

6.1 装备环境数据智能化采集与模型构建

1. 基础数据采集与腐蚀行为研究

基础数据采集与腐蚀行为研究要求基于典型装备平台腐蚀环境因素智能化采集

与分析技术，研究其技术现状和发展趋势，以及腐蚀环境因素（包括 Cl^-、NH_3、SO_2、H_2S、NO_2、总悬浮颗粒等）和装备典型金属材料腐蚀速率智能化采集技术，据此研发典型装备腐蚀环境因素自动采集系统样机，该样机应具备无人值守、数据远程传输，实时同步自动采集气候环境因素、腐蚀性介质因素和至少 3 类典型金属腐蚀状况信息，以及腐蚀速率分析等功能。

在腐蚀性指标方面，针对关键退化对象，结合物相、成分、微观形貌分析手段，利用 X 射线衍射对腐蚀产物进行物相分析；借助扫描电子显微镜对样品进行表面和截面的微观形貌及界面观察；通过动电位极化曲线、电化学交流阻抗谱等电化学测试方法揭示腐蚀机理；使用超景深显微镜、激光共聚焦显微镜对样品表面的点蚀坑尺寸进行数理统计，建立典型金属材料点蚀动力学及涂层失效退化模型。在静强度指标方面，根据对象关键性能指标要求，合理选择拉伸、冲击、持续高温等静强度指标进行评价，计算屈服强度、抗拉强度、持久强度、延伸率、面缩率、冲击吸收能量等关键指标，分析退化趋势和退化量，评估腐蚀静强度指标损失情况。在耐久性指标方面，根据对象关键性能指标要求，合理选择疲劳寿命等耐久性指标进行评价，建立不同环境试验节点的疲劳寿命，选取特征值分析退化趋势和退化量，评估腐蚀耐久性指标损失情况。从退化规律和失效机理角度阐释典型金属材料、海区环境、工况、维修措施下的腐蚀差异性，建立初步的工程设计修正关系。

2. 模型构建与权重分析

选取关键参数进行深入挖掘，建立数值模型，对退化数据进行预处理，如 3σ 检验、Q 检验、Grubbs 检验、t 检验等，确定奇异性数据（不属于统计分布的数据），对奇异点进行数值处理，减小数据误差，并计算数据均值和方差（数据离散性表示）。对现有性能退化数据进行显著性检验（假设检验），检查数据退化情况，确定数据退化是否显著。若显著，则进行建模规律预测；若不显著，则延长试验周期，继续试验，观察数据退化情况。利用经典统计学、灰色理论模型、人工神经网络、贝叶斯模型或其他数据回归方法对现有数据进行建模预测，对数值进行预估，并检验模型精度。

6.2 腐蚀环境及腐蚀速率传输与全量感知系统构建

1. 系统设计原理

构建以 Cl^-浓度在线监测和腐蚀速率在线监测为代表的腐蚀环境及腐蚀速率传输与全量感知系统，将数据链丰富为“电化学微尺度—环境因素—宏观气象”多尺度数据，实时采集多地域环境与腐蚀动态数据，为后端工作持续提供数据流。该系统通过主控制器与传感器的良好连接来实现环境中温度、湿度、光照度、紫外线强度、太阳辐照量、大气压力、风向、风速、SO_2浓度、NO_2浓度、NH_3浓度、Cl^-浓度与腐蚀情况等因素的监测，以及数据自动化采集与传输等功能。该系统包括以下几个模块。

（1）空气采集模块。

空气采集模块采用直流无刷抽气泵双路大气采样系统，无故障使用时间大于10 000h，可对采样的气体进行干燥、过滤、防倒吸处理，以减小对流量的影响，为后续流程中通过水溶法检测空气中的Cl^-浓度提供可靠的基础。

（2）空气定量定容模块。

空气定量定容模块的气体采样单元采用各气体单独分路进气的方式采样，各路气体互不干扰，测量准确，内置吸气泵，响应速度快、灵敏度高。气体过滤处配置孔径为1mm的防护网，可有效隔离杂质，延长传感器使用寿命；增加预处理模块，可有效除湿、除尘，提高气体检测的精准度，气体处理完成后，SO_2等污染气体均采用高精度电化学传感器进行采集。

基于创新的CMOS（互补金属氧化物半导体）技术，在CMOS硅芯片上集成高精度传感器及模拟电路和数字电路，配备耐腐蚀、寿命长的金属外壳，使其在电气接口和各类流体连接件处对气体进行采样，每组测量 50sccm～200slm（经实验研究确定）的气体流量，信号在芯片上转换成100%校准和经温度补偿的数字信号，通过质量法采集空气的原理，规避气体体积不定的因素，得出空气的质量。

（3）溶液定量定容模块。

溶液定量定容模块用于测定定量体积的溶液，搭配坚固的紧凑型外壳，可适应强腐蚀性环境。基于该模块搭建液体流量流体系统，内部采用惰性接液材料（如904L高性能不锈钢、PEEK 和 PTFE），可使其耐化学腐蚀，溶液可多次流通，达到 20ms（经实验研究确定）的响应速度、40ml/min（经实验研究确定）的流量，实现测定定量体积的溶液。

（4）溶液纯化模块。

溶液纯化流程：预处理→紫外线杀菌装置→一级 RO（反渗透）装置→二级 RO 装置→中间水箱→EDI（电除盐）装置→脱氧装置→氮封纯水箱→除 TOC（总有机碳）UV 装置→抛光混床→超滤装置→用水点。

（5）Cl^-浓度测定模块。

从溶液中取出 10ml（经实验研究确定）样本，基于离子色谱法原理进行分析，采用再生电解微膜抑制器抑制溶液中的碳酸盐、氢氧化物体系等常见阴离子体系的生成，避免干扰Cl^-的采集，部署细管径色谱柱，使用恒温电导检测器减小环境温度变化带来的影响，屏蔽电磁干扰，增强信号响应。在此基础上，额外配备双柱塞高压泵，提高淋洗液流速和精度，确保基线稳定，获得极低检出限。流路采用全 PEEK

材料，以避免金属污染，并达到耐高压、耐酸碱及兼容 0～100%有机溶剂的目的。

（6）自动化信息化部署模块。

自动化信息化部署模块要求实现自动化数据采集与传输，数据采集完成后直接传输到后台服务器，整个流程自动完成，根据实际情况间隔发送数据。

2．系统设计方案

主控制器分别连接各个传感器，通过 RS-485 通信协议与 IIC 通信协议，接收各个传感器采集到的数据，并将传感器采集到的数据自动传输到后台服务器。

3．系统应用

部署采集典型区域（如热带海洋地区户外、棚下、库房）及装备模拟结构环境因素的系统，利用机器学习和高性能计算方法，探究序列模式下复杂环境变量体系与腐蚀表现的映射关系，在空间和时间维度上进行智能预估，绘制典型区域及装备各结构区域腐蚀等级地图，探索环境数据驱动的腐蚀行为预测评估模型，如图 6-1 所示。

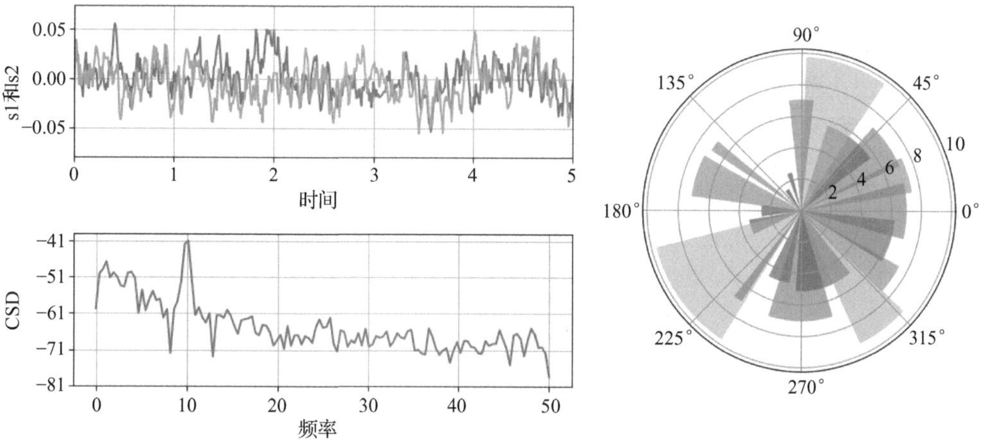

图 6-1 环境数据驱动的腐蚀行为预测评估模型

6.3 腐蚀热点仿真评估与专业数据系统构建

1．腐蚀仿真技术

腐蚀仿真技术有三类。第一类是腐蚀的数学物理模型，将腐蚀偏微分方程离散为线性代数方程的有限体积-边界元耦合算法（其中有限体积法主要用于处理求解域中的空间离散问题，边界元法主要用于处理电极–电解质界面的物理量），以及求解均匀腐蚀和电偶腐蚀的线性代数方程组的算法程序包。第二类是仿真支持类技术，包括环境特征解析和极化曲线解析，其中环境特征解析可以将传感器测量数据折算为 pH、液膜厚度等仿真输入数据，极化曲线解析可以将材料的极化数据处理为电极动力学的反应电流密度输入数据，这类技术对高精度的仿真工作起到关键保障作用。第三类是可视化引擎，包含网格、仿真计算结果的 VTK 引擎。

2. 腐蚀数据智能分析系统构建

环境适应能力提升数据主要可分为图谱型数据、数值型数据等。构建以腐蚀面积识别、腐蚀数据建模、腐蚀仿真为核心的腐蚀数据智能分析系统，通过腐蚀面积识别模块，对环境适应能力提升数据体系中最常见的“照片”进行结构化数值提取；通过腐蚀数据建模模块，对数值型数据进行“材料级”建模预估；通过腐蚀仿真模块，采用实际环境因素数据、腐蚀特性数据和腐蚀电化学机理相结合的半实物仿真形式，进行“组件级”“部件级”建模评估。

腐蚀数据智能分析系统的主要构建方案如下。

腐蚀面积识别：利用现代数据算法，对腐蚀特征进行量化描述，深度解决典型铝合金点蚀、剥蚀，不锈钢点蚀，碳钢腐蚀等腐蚀面积识别问题，完成腐蚀评估，如图 6-2 所示。

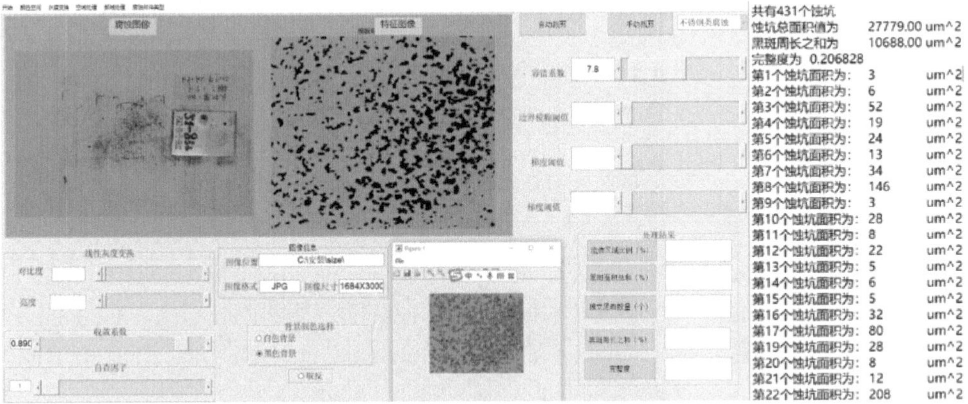

图 6-2　腐蚀面积识别软件及腐蚀流式数据

腐蚀数据建模：应用概率统计及人工智能算法形成腐蚀性能退化预估方法，进一步结合实际应用场景建设腐蚀数据建模工具，对腐蚀数据进行自动建模、拟合。

腐蚀仿真：构建基于均匀腐蚀、电偶腐蚀机理的腐蚀仿真模型，采用有限元法、边界元法、有限体积法等算法完成腐蚀求解器开发，以及极化曲线解析器、环境特征解析器、后处理模块及整体软件界面等配套功能的开发。

3．环境适应能力提升数据信息系统构建

综合考虑环境适应能力提升的内在因素（材料、工艺、结构）、外在因素（载荷、环境）、保障因素（保养、维修）的影响，集成腐蚀环境及腐蚀速率传输与全量感知系统采集的数据，搭载腐蚀面积识别、腐蚀数据建模、腐蚀仿真等核心功能模块，构建环境适应能力提升数据信息系统。整体环境试验数据系统以环境适应性数据为基础，包含四大类共 11 小类数据：内在数据，包含材料、工艺和结构数据；外在数据，包含载荷、环境数据；保障数据，包含保养、维修数据；腐蚀数据，包含形貌图谱、力学性能、电化学性能和质量指标数据。

环境适应能力提升数据信息系统的主要构建方案如下。

基于 C/S 架构，采用分层架构模式及模块化设计理念，通过 SQL 等主流数据库进行内在因素（材料、工艺、结构）、外在因素（载荷、环境）、保障因素（保养、维修）等底层库及 GIS（地理信息系统）的环境模块开发，支持图谱、数据等存储形式，有助于降低模块之间的逻辑耦合度，便于进行协同研发与功能的迭代升级。

开发基于主流 CAD 软件的组件/试件几何管理模块，实现组件/试件几何模型的导入、导出及管理功能，构建 CAD 与 CAE 一体化的网格库、支持三维坐标测量的型号装备库，与腐蚀面积识别、腐蚀数据建模、腐蚀仿真等模块功能联用，并预留第三方应用及二次开发接口。

围绕 GIS、结构立体装配系统、维修保障系统等，利用主流渲染技术开展系统可视化建设，实现比较、分布、联系、构成等可视化功能，获得可视化云图，如图 6-3、图 6-4 所示。

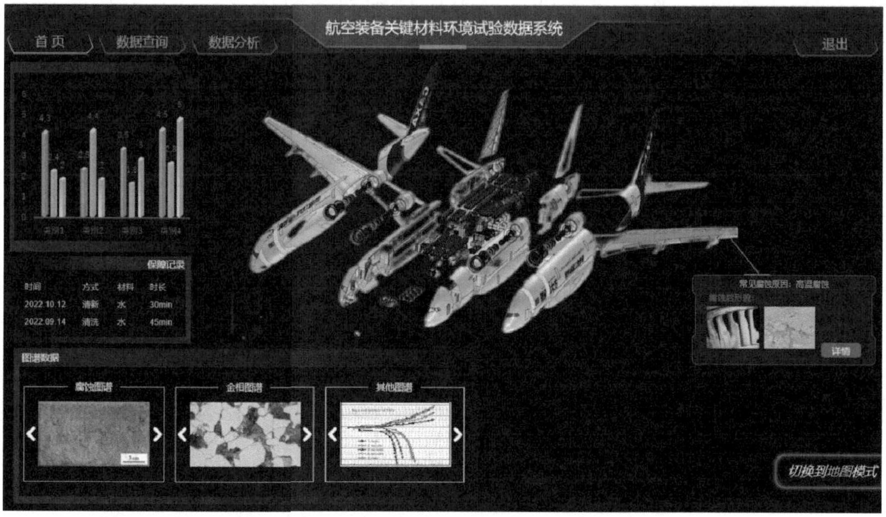

图 6-3　环境适应能力提升数据信息系统 GIS 可视化云图

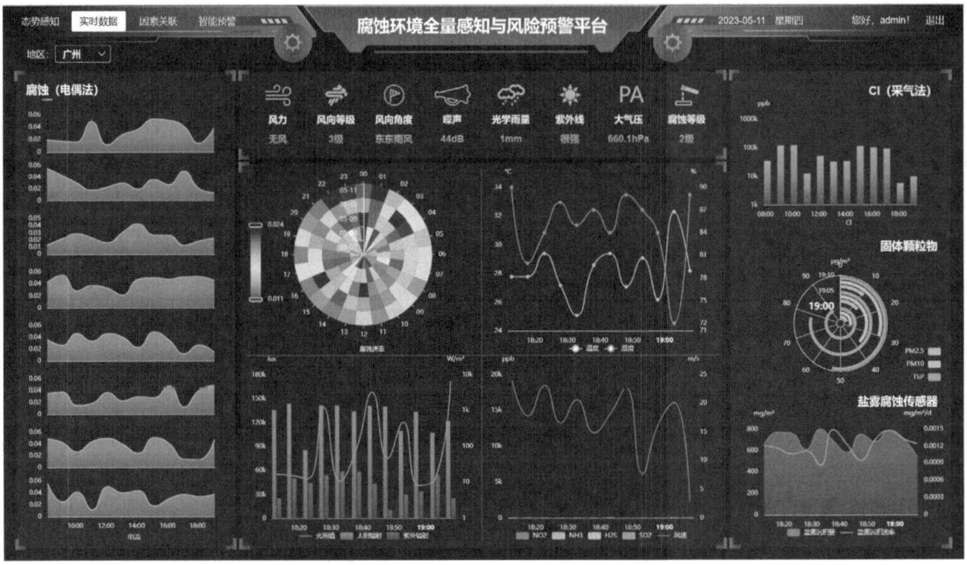

图 6-4　环境适应能力提升数据信息系统实时感知数据可视化云图

6.4 基于视觉或其他无损检测技术的腐蚀检查方法研究

1. 腐蚀缺陷检测标准化设备研制

腐蚀缺陷检测标准化设备零部件众多，各零部件的几何尺寸、表面材质、涂覆工艺差别较大，需要针对差别较大的腐蚀产物，依据环境进行相应的组合式腐蚀缺陷检测标准化设备研制。同时，航空零部件中具有腔体结构、内封闭结构的零部件也占有一定比例，对装备核心机、外部管路这些内壁及材料内部的腐蚀缺陷进行检测也是很重要的。腐蚀缺陷检测标准化设备研制主要包括硬件设计与软件设计两方面。

硬件设计根据检测腐蚀的位置与检测手段不同可分为四类。第一类是常规尺寸、大曲率平面腐蚀特征检测设备设计，采用常规工业相机与标准化光源即可实现；第二类是小尺寸、显微级别腐蚀特征检测设备设计，需要采用显微级别图像采集设备；第三类是内腔腐蚀特征检测设备设计，需要采用内窥镜结构的检测设备；第四类是材料内部腐蚀特征检测设备设计，需要采用超声相控阵装置。

软件设计包括二维图像腐蚀特征提取相关算法设计与三维点云腐蚀特征提取相关算法设计。所使用的算法类型包括传统的机器学习模式识别算法与深度学习算法等。

腐蚀缺陷检测标准化设备研制研究内容框图如图 6-5 所示。

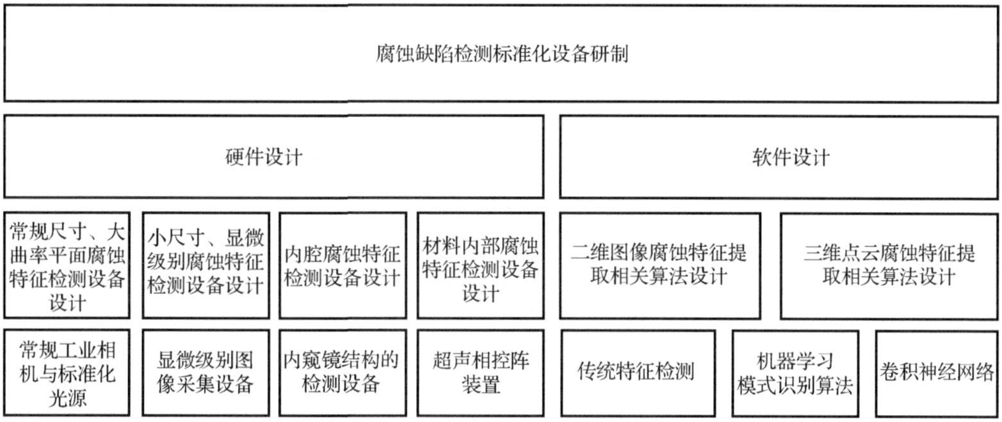

图 6-5　腐蚀缺陷检测标准化设备研制研究内容框图

2. 内腔腐蚀特征检测设备设计

内腔腐蚀特征检测设备采用探针式内窥镜结构，需要采用短焦同轴光源，以及广角大视野相机设备。插入式检测系统如图 6-6 所示。

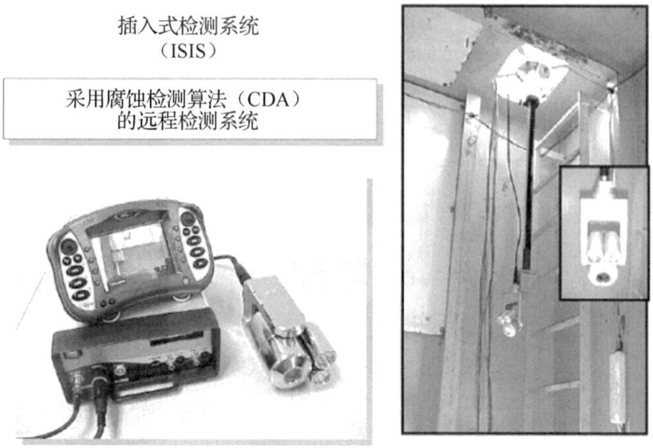

图 6-6　插入式检测系统

在设计探针式内窥镜结构进行特征检测时，如果视野较大，则会导致镜头边缘畸变较大，双镜头重构图像精度较低；如果视野较小，则会导致双镜头重叠视野有限，只能拍摄较为有限的视野内的场景。对于航空装备内腔腐蚀特征检测设备的内窥镜结构，须合理设计其结构参数，以保证检测效率与检测精度在可接受的范围内。

双目视觉测量系统的工作原理如图 6-7 所示。设 O_1' 和 O_2' 分别代表两台相机的几何中心，将测量坐标系 $Oxyz$ 建立在左相机上，两台相机的测量坐标系 $Oxyz$ 与

$O_2x_2y_2z_2$之间的欧氏变换关系为

$$\lambda\tilde{\boldsymbol{q}}_{2i}=[\boldsymbol{R}\mid\boldsymbol{t}]\tilde{\boldsymbol{q}}_i,\quad \lambda\neq 0 \tag{6-1}$$

式中，$\tilde{\boldsymbol{q}}_i=[x_i\quad y_i\quad z_i\quad 1]$，是空间点$Q_i$在$Oxyz$中的齐次坐标；$\tilde{\boldsymbol{q}}_{2i}=\left[x_{2i}\quad y_{2i}\quad z_{2i}\quad 1\right]$，是空间点$Q_i$在$O_2x_2y_2z_2$中的齐次坐标；$\boldsymbol{R}$为旋转矩阵；$\boldsymbol{t}$为平移矩阵。

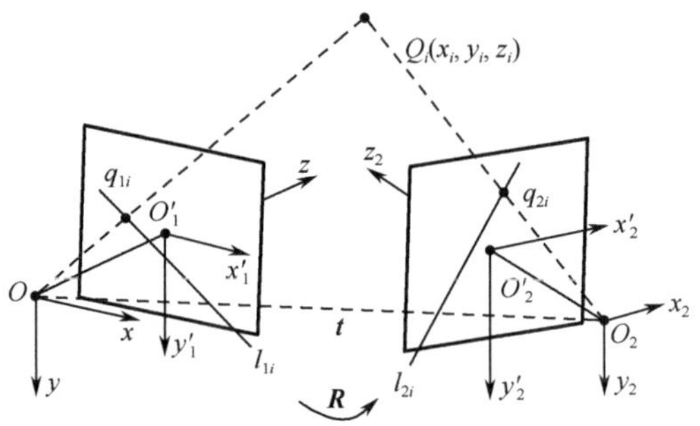

图 6-7　双目视觉测量系统的工作原理

Q_i与其在左、右相机中的图像点q_{1i}和q_{2i}之间的关系为

$$\lambda_1\tilde{\boldsymbol{q}}_{1i}=[\boldsymbol{I}\mid\boldsymbol{0}]\tilde{\boldsymbol{q}}_i=\boldsymbol{P}_1\tilde{\boldsymbol{q}}_i,\quad \lambda_1\neq 0 \tag{6-2}$$

$$\lambda_2\tilde{\boldsymbol{q}}_{2i}=[\boldsymbol{R}\mid\boldsymbol{t}]\tilde{\boldsymbol{q}}_i=\boldsymbol{P}_2\tilde{\boldsymbol{q}}_i,\quad \lambda_2\neq 0 \tag{6-3}$$

式中，$\boldsymbol{I}$为单位矩阵；

$$\tilde{\boldsymbol{q}}_{1i}=\begin{bmatrix}\dfrac{x_i}{z_i} & \dfrac{y_i}{z_i} & 1\end{bmatrix}^{\mathrm{T}}$$

$$\tilde{\boldsymbol{q}}_{2i}=\begin{bmatrix}\dfrac{x_{2i}}{z_{2i}} & \dfrac{y_{2i}}{z_{2i}} & 1\end{bmatrix}^{\mathrm{T}}$$

共面极限约束条件为$\tilde{\boldsymbol{q}}_{2i}'^{\mathrm{T}}\boldsymbol{E}\tilde{\boldsymbol{q}}_{1i}'=\boldsymbol{0}$，$\tilde{\boldsymbol{q}}_{2i}^{\mathrm{T}}\boldsymbol{E}\tilde{\boldsymbol{q}}_{1i}=\boldsymbol{0}$，其中$\boldsymbol{E}$为本质矩阵。通过分解$\boldsymbol{E}$可以得到$\boldsymbol{P}_2$，接着通过由两台相机获得的投影坐标，采用最小二乘法可计算出空间点的三维坐标。

受 CCD（Charge-Coupled Device，电荷耦合器件）像面尺寸和相机镜头的限制，通过内窥镜所能清晰观察到的视场区域是有限的。对于双相机来讲，其有效视场是指两台相机视场的公共交叠部分。在构建双目视觉测量系统时需要计算如下参数。

（1）计算系统中每台独立相机的参数，包括视野范围、CCD 靶面尺寸、像元分辨率、工作距离。

（2）根据需要的景深，计算镜头焦距和光圈数。

（3）根据被测目标的尺寸、测量精度和测量空间需求，计算双相机的基线长度、相机光轴与基线的夹角、双相机的有效工作交汇角。

相机及镜头参数的计算公式及计算流程如下。

设 M_i（i=1,2）为相机图像放大倍数，H_i（i=1,2）为相机图像高度，H_0 为目标高度，D_i（i=1,2）为相机图像与镜头之间的距离，D_0 为目标与镜头之间的距离，F 为镜头焦距，L_E 为等效焦距，则参数之间有如下关系：

$$M_i = \frac{H_i}{H_0} = \frac{D_i}{D_0} \tag{6-4}$$

$$F = \frac{D_0 M_i}{1 + M_i} \tag{6-5}$$

$$D_0 = \frac{F(1 + M_i)}{M_i} \tag{6-6}$$

$$L_E = D_i - F = M_i F \tag{6-7}$$

利用上述公式，可根据已确定的参数计算未知参数。

3. 腐蚀特征定量化表征与评估方法研究

进行环境试验的样件材料类型众多，每类材料的样件都面临多种环境条件下的试验，传统人工方法对其腐蚀特征的检测关注程度并不是特别大，而对腐蚀特征呈现的视觉效果更为关注。因此，对局部腐蚀特征定量化表征的研究，更关注样件腐蚀特征的呈现形式，应先将样件的腐蚀特征进行分类，针对这些分类设计相应的识别算法，然后根据不同细微类型的腐蚀特征，按照上述腐蚀特征的描述选取适当的特征函数作为模式识别分类函数。

（1）光泽、纹理特征的描述函数：灰度特征包含视觉图像中可以反映腐蚀缺陷光泽、形状、深度及边缘处与标准样件基平面的光滑过渡性质，可通过灰度特征分析图像纹理。灰度共生矩阵（GLCM）的数学定义为

$$P(i,j) = \frac{\#\{[(x_1,y_1),(x_1+a,y_1+b)] \in m \times n \mid f(x_1,y_1)=i, f(x_2,y_2)=j\}}{\#\{[(x_1,y_1),(x_1+a,y_1+b)] \in m \times n\}} \tag{6-8}$$

通常采用灰度统计特征来反映图像整体纹理特征。利用灰度共生矩阵可以提取多种图像灰度特征，以此来描述腐蚀缺陷的光泽特征。常用的灰度特征函数有角二阶矩（ASM）、对比度（CON）、相关性（Correlation）和熵（ENT）。

角二阶矩：角二阶矩是灰度共生矩阵各元素的平方和，又称能量。它用于衡量图像纹理灰度变化均一性，反映了图像灰度分布的均匀程度和纹理粗细度。

对比度：对比度是灰度共生矩阵主对角线附近的惯性矩。它用于衡量灰度共生矩阵的值是如何分布的和图像中局部变化的多少，反映了图像的清晰度和纹理的沟纹深浅。

相关性：相关性用于衡量灰度共生矩阵元素在行或列方向上的相似程度，反映了图像中局部灰度的相关性。

熵：熵用于衡量图像纹理的随机性。当灰度共生矩阵中所有元素值均相等时，

熵取得最大值；当灰度共生矩阵中各元素值非常不均匀时，熵取值较小。

（2）颜色特征的描述函数：颜色特征的提取方法基本上沿袭了灰度特征的提取方法，颜色空间的颜色通道选择往往可以给颜色特征的提取提供便利。常用的颜色空间有 RGB 颜色空间、HSV 颜色空间、YUV 颜色空间。有些腐蚀特征在某个颜色空间中有着与背景相似的外观，较难分割，但是转换到另一个颜色空间中则会有较强的对比度。HSV 颜色空间是最接近人眼视觉的颜色空间，H 代表色调（Hun），是颜色的基本属性，表示颜色的种类；S 代表饱和度（Saturation），表示颜色掺杂白色的程度，也可以理解为红色、绿色、蓝色三分量的相差程度，掺杂白色的程度越多，饱和度越低；V（Value）代表明暗度，表示颜色的明亮程度。

（3）几何特征的描述函数：通过对腐蚀缺陷图像进行处理可以得到样件的三维几何形貌特征，可利用面积、周长、重心、厚度或高度、密度等特征函数对腐蚀缺陷进行描述。

面积 S：反映了腐蚀缺陷的分布面积，面积大意味着腐蚀缺陷严重。

周长 L：反映了腐蚀缺陷的包络区域大小。

周长与面积的比值 r：$r = L/S$，反映了腐蚀缺陷的分布特征，比值大代表分布分散，比值小代表分布集中。

重心 $G(x,y)$：反映了腐蚀缺陷的主要集中位置。

长宽比 y：反映了腐蚀缺陷的形状特征。

厚度或高度 D：反映了腐蚀缺陷的堆积程度。

厚度与面积的比值 t：$t = D/S$，反映了腐蚀缺陷的严重程度。

密度 m：反映了单位面积内独立腐蚀缺陷的数量。

4. 常规尺寸、小尺寸腐蚀特征表征参数设计

获取腐蚀缺陷的可视化几何特征最有效的技术是机器视觉技术。机器视觉技术用机器模拟人眼对三维物质世界的认识过程，从获取的二维图像中提取能够反映三维物质世界特征的有用信息。机器视觉技术既可以进行物体的感知、分类、识别和物体相对位置的判别等非定量的处理，也可以对物体进行精确的空间几何尺寸检测和定位。随着计算机技术的快速发展，利用普通的计算机来处理大量的图像信息已经是一件很容易的事了，由图像传感器、视频信号处理装置和计算机合成的系统已成为机器视觉系统的核心组成部分。

腐蚀特征本身是指像素点在某邻域内的灰度或颜色的某种变化，而且这种变化是与空间统计相关的。纹理是反映图像局部结构化的一种特征，具体表现为图像描述存在于图像中的同质现象，它是一种视觉特征，能够体现出物体表面具备的内在属性，并且包含物体表面结构的重要信息及结构排布与周围环境的相关性。纹理是图像区域内的局部统计特征及其余一些图像局部属性的缓慢变化或近似周期性的变

化。纹理作为一种区域属性，在区域中的成分不能进行枚举，并且各个成分之间的相位关系不明确。

常用的纹理特征分析方法有统计法、结构法、模型法和频谱法等。具体来说，最具代表性的纹理特征分析方法有灰度共生矩阵、局部二值模式（LBP）、马尔可夫随机场模型、小波变换等。各种纹理特征分析方法及其特点如表 6-1 所示。

表 6-1 各种纹理特征分析方法及其特点

分析方法	描述	特点	应用范围
灰度共生矩阵	是通过统计处于相同位置关系的一对像素灰度的相关性进行纹理分析的有效工具	反映了图像灰度分布关于方向、局部邻域和变化幅度的综合信息，能够有效描述图像灰度的二阶统计特性。在随机纹理表面腐蚀缺陷检测中，灰度共生矩阵的性能优于局部二值模式等方法	图像检索、指纹识别、遥感图像分类
局部二值模式	从纹理局部近邻定义中衍生出来，是一种描述图像局部区域内像素灰度的联合分布密度的方法，可看作统计法和结构法的一种联合方法	LBP 算子具有旋转不变性和灰度不变性等显著优点，其计算复杂度小、纹理识别能力强。但 LBP 算子只根据局部近邻二值关系的排列顺序来定义结构的相似性，缺乏理论上的解释，另外 LBP 算子不能有效、完整地描述纹理特征	纹理分类、图像检索、人脸图像分析、视觉检测
马尔可夫随机场模型	通过定义适当的邻域及相应基元上的能量函数，引入结构信息，从而提供一种用来表达空间中相关随机变量之间相互作用的模型	可对图像进行统计学建模，多尺度马尔可夫随机场模型可充分利用像素的空间信息，具有良好的旋转鲁棒性和对局部细节的表达能力，在纹理图像分割方面具有比灰度共生矩阵更高的精度，但计算量过大	纹理分类、纹理图像分割、医疗影像分析、农作物病理诊断
小波变换	利用不同尺度的带通滤波器对原始信号进行滤波，在空域和频域都具有表征信号局部特征的能力。各个滤波通道描述了纹理的粗细度和方向性	能够对纹理进行多分辨表示，能在更精细的尺度上分析纹理；小波符合人眼视觉特征，由此提取的特征有利于进行纹理图像分割；能够结合空间/频域分析在多个尺度上提取纹理特征。其缺点是具有非平移不变性、方向选择性较差、缺少相位信息	气象卫星云雾分离、高光谱数据波段选择、城市遥感图像阴影去除、热场分布、城市结构分析等遥感图像分析与处理

5. 基于卷积神经网络的腐蚀特征提取方法设计

现有的诊断腐蚀特征的方法大致可分为两类：一类是针对特定类型的腐蚀缺陷进行特征提取，如针对金属材料的点蚀或裂缝类型的腐蚀缺陷进行特征提取，这种针对固定类型腐蚀缺陷的特征提取方法不具有通用性；另一类是基于样本库的诊断系统方法，即将已有的各类腐蚀样本集中起来，通过与样本库的特征值进行比较，给出诊断结果。诊断系统的最大问题是标准样本本身存在误差，这将导致诊断系统误判。

下面采用卷积神经网络对常规尺寸、小尺寸、腔内的非常规腐蚀特征进行提取。卷积神经网络原理图如图 6-8 所示。

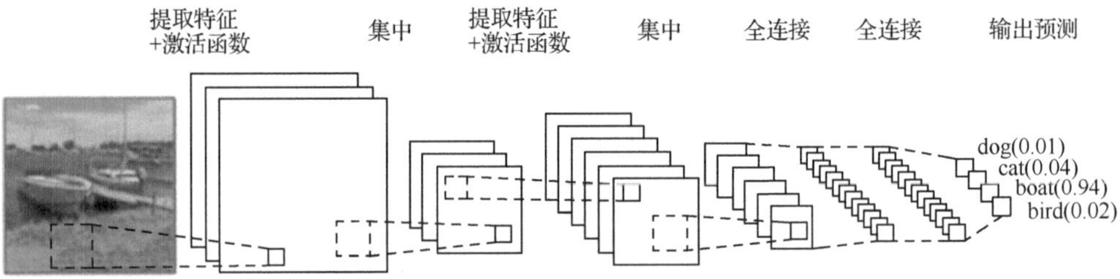

图 6-8　卷积神经网络原理图

卷积神经网络主要由输入层、卷积层、ReLU 层、池化（Pooling）层和全连接层（和常规神经网络中的一样）构成。通过将这些层叠加起来，就可以构建一个完整的卷积神经网络。由于在实际应用中往往将卷积层与 ReLU 层共同称为卷积层，所以卷积层完成卷积操作也是要经过激活函数的。具体来说，卷积层和全连接层（CONV/FC）在对输入变量/参数执行变换操作时，不仅会用到激活函数，还会用到很多参数，如神经元的权值 w 和偏差 b，而 ReLU 层和池化层则进行一个固定不变的函数操作。

在实际检测过程中，对于大体结构相同但细节不同的目标特征，可采用基于卷积神经网络的腐蚀特征提取方法，先对待识别区域进行特征提取，然后根据上述研究内容中常规尺寸腐蚀特征的提取方法进行识别。

图 6-9 所示为焊缝原始图像。图 6-10 所示为采用传统图像处理算法提取的焊缝区域，该固化的算法遇到其他焊缝图像时需要更改较多的参数，导致效率低下。在已有的研究基础上，采用卷积神经网络，通过基于 Keras 的开源架构对算法进行整合，可实现对同一类型、不同细节的腐蚀特征的批量检测，结果如图 6-11、图 6-12 所示。

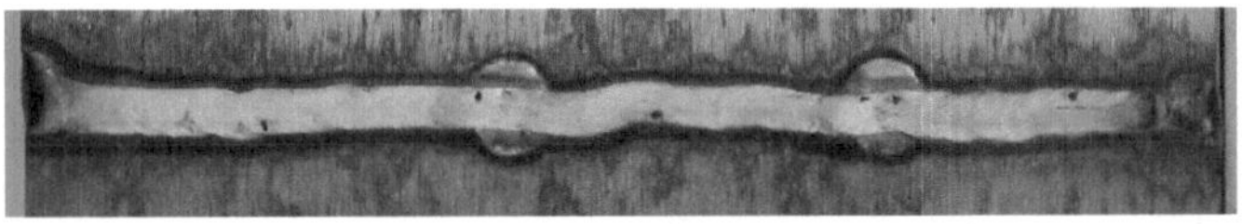

图 6-9　焊缝原始图像

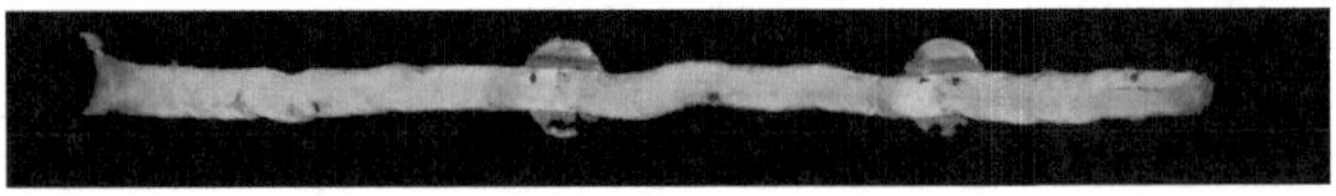

图 6-10　采用传统图像处理算法提取的焊缝区域

图 6-11 焊缝分割结果

图 6-12 腐蚀检测结果

6.5 基于装备实测数据的腐蚀防护维修策略研究

1. 腐蚀防护维修策略

通过资料收集、整理，获取装备关键典型材料在发生不同类型及不同程度的腐蚀后可使用的腐蚀防护维修策略，包括但不限于机械打磨处理、有机涂层防护、化学转化膜防护、快速增材制造、密封、清洗、缓蚀、环境控制等。

本节以装备关键典型材料为研究对象，利用前文介绍的大气腐蚀数据系统在线采集连续、多维、动态的腐蚀大数据，包括但不限于温度、湿度、太阳辐照量、含盐量、污染物含量等。针对具有动态特性的腐蚀数据集，探讨分类统计分析、随机森林（RF）、反向传播人工神经网络（BP-ANN）、支持向量回归（SVR）等不同数据挖掘方法的适用性，旨在找出适用于分析环境因素与腐蚀程度的数据挖掘方法，建立基于动态实时环境因素的腐蚀防护维修策略。例如，美国开发了一种大气腐蚀严重性分类系统，该系统可为腐蚀防护维修提供管理信息。该系统在美国空军的许多基地进行了环境条件的测量，算法中的环境条件包括到沿海水域的距离、SO_2浓度、总悬浮颗粒浓度、湿度和降雨量。该算法建立了一个严重性指数，可用于对各类预防性维修任务的频率进行规划。该算法所确定的清洗频率如图 6-13 所示。

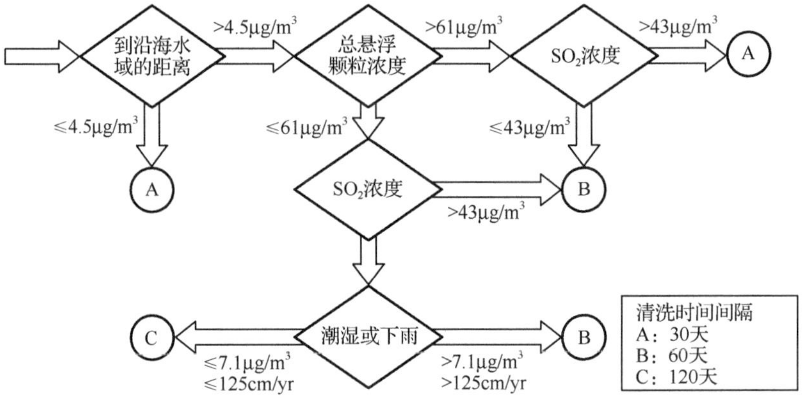

图 6-13　该算法所确定的清洗频率

2. 腐蚀数据解析

根据实测数据完成基于决策的腐蚀数据解析，总体包含三大类的数据解析：一是全局环境数据解析，这类数据解析决定了腐蚀类型。全局环境数据解析的内容包含季节变换（主要是指影响气候的条件，如热带、湿热带和温带）和地理位置（包含工业、海洋、农村和城市等全局型时空信息）。根据全局环境数据的类型可解析出不同的腐蚀机理，如大气腐蚀（包含干/湿/潮等不同腐蚀类型）、海洋腐蚀（包含海洋大气、浪花飞溅、海水间浸/半浸/全浸、海泥等不同腐蚀类型）、土壤腐蚀（包含充气、杂散电流、微生物等不同腐蚀类型）、工业环境腐蚀（如化学污染）等，其中子类型的判定要结合局部环境数据。二是局部环境数据解析，这类数据解析主要决定了腐蚀发生的具体形式和快慢完成，包含 Cl^-浓度、湿度、污染物含量、温度等局部环境信息，基于这类数据可以解析出电解质电导率、润湿时间、液膜厚度、pH、溶解度、扩散系数等信息，可以有力支撑腐蚀机理仿真计算，保障计算精度。三是材料性能数据解析，包含力学、化学、热力学和电化学等领域的不同性能数据解析。基于力学性能数据可以解析出应力腐蚀、冲刷腐蚀分析的必要数据；基于化学性能数据可以解析出反应焓、腐蚀反应速率等关键信息；基于热力学性能数据可以解析出吉布斯自由能、反应焓等决定腐蚀反应能垒及体系稳定性的信息；基于电化学性能数据可以从阴极、阳极极化曲线中解析出电位-反应电流密度信息，以及阴极、阳极反应占比等电化学腐蚀核心信息，也可以根据极化曲线判定体系的钝化和活化，提供电化学腐蚀仿真计算和腐蚀控制的理论支撑。

综上所述，实测的全局环境数据、局部环境数据和材料性能数据的解析工作为数据驱动建模与机理驱动建模奠定了基础，可完成决策前的正向预测和逆向预测。

正向预测可以预测构件在修复前后的腐蚀寿命，并评估腐蚀控制手段对构件性能的影响情况；逆向预测可以根据预定决策结果或当前腐蚀状态对构件的材料选择、工艺类型和结构特征（包含尺寸、形式、搭接类型）等进行优化改进，还可以进一步支撑保养和维修方案的选择及改进。

3. 腐蚀数据系统构建

整理数据、知识和算法，构建腐蚀数据系统，该系统包含三大子系统，依次为腐蚀数据子系统、腐蚀知识子系统和腐蚀决策子系统。

（1）腐蚀数据子系统包含 4 大类共 11 小类数据。

（2）腐蚀知识子系统包括但不限于腐蚀标准规范库、腐蚀概念术语库、腐蚀控制方法库、腐蚀防护设计库及腐蚀评价标准库。腐蚀知识子系统的整体架构如图 6-14 所示。

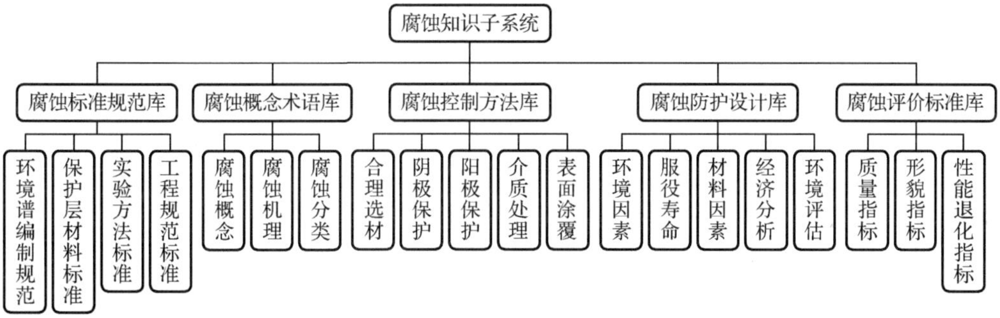

图 6-14 腐蚀知识子系统的整体架构

在图 6-14 中，第三级类目的知识体系还可以进一步延伸。

腐蚀标准规范库：环境谱编制规范、保护层材料标准、实验方法标准和工程规范标准等。

腐蚀概念术语库：腐蚀概念、腐蚀机理（动力学/热力学）、腐蚀分类等。

腐蚀控制方法库：合理选材、阴/阳极保护（牺牲阳极/外加电流）、介质处理、表面涂覆（电镀/喷涂/化学镀/气相沉积/表面改性等）、氧化/磷化，以及保养（清洗/缓蚀）和维修（去腐蚀产物/补漆/补强等）等。

腐蚀防护设计库：环境因素、服役寿命、材料因素（结构材料/保护层材料）、经济分析和环境评估等。

腐蚀评价标准库：质量指标、形貌指标和性能退化指标等。

（3）腐蚀决策子系统包含检查、风险评估及智能决策三大核心组件。检查包括日常现场腐蚀检查、专项腐蚀检查、绝热保温检查、红外热像检查、涂层失效检查、关键结构件失效检查、失效分析和大修腐蚀检查等。风险评估可实现风险等级查询、风险部位查询、风险矩阵查询、失效机理分析和检查计划与方案管理等，是一种将系统和动态检验相结合的手段。智能决策是指基于设备使用状态、有效基础数据、外场检查和维修基础资料，评估设备的腐蚀风险等级，其目的是加强对高风险设备的关注度，同时对低风险设备采取必要的分析评估手段。智能决策技术包含检测数据不确定性分析、数据增强、语义关联识别、健康评估、保养和维修等一系列前沿技术。其中，检测数据不确定性可以用检出概率和检错概率表征。检出概率（Probability of Detection，POD）描述了检测工具的不完善性，一般定义为指数函数：

$$P_{D|H}(h)=1-e^{-\phi h} \tag{6-9}$$

式中，$P_{D|H}(h)$为检出深度为h的缺陷的概率；ϕ为描述检测工具判别能力的常数。

全体缺陷可分为两部分：检出缺陷和未检出缺陷。由贝叶斯定理可知，检出深度的概率密度函数$f_{H|D}(h)$可由全体缺陷深度分布求得，即

$$f_{H|D}(h)=P_{D|H}(h)f_H \Big/ \int_0^{\infty} P_{D|H}(h)f_H(h)\mathrm{d}h \tag{6-10}$$

随机选择一种缺陷，检测工具对该缺陷的检出概率为

$$P_D=\int_0^{\infty} P_{D|H}(h)f_H(h)\mathrm{d}h \tag{6-11}$$

同理，可得出未检出深度的概率密度函数，即

$$f_{H|\mathrm{ND}}(h)=\frac{[1-P_{D|H}(h)]f_H(h)}{1-P_D} \tag{6-12}$$

数据增强的主要目的是解决数据分布不平衡及腐蚀类型复杂两大难题。数据分布不平衡主要体现在环境数据和构件正常服役的监测数据往往是以分钟或小时为单位的，而腐蚀失效数据往往以年或月为单位出现，而且由于腐蚀类型多样导致具体以某一特定形式出现的腐蚀数据往往有限，因此需要采用条件生成网络、迁移学习等人工智能方法进行数据增强。之后结合数据驱动建模和机理驱动建模的计算分析结果，通过语义关联识别技术（整个大数据系统整体的术语规范依据前述的腐蚀概念术语库完成字段定义），将量化结果与状态评估、保养和维修方案等文本格式的知识信息进行关联映射，最终给出构件的状态评估、风险预警及保养和维修方案，实现在特定服役环境下腐蚀防护控制的智能决策闭环。智能决策逻辑示意图如图 6-15 所示。

腐蚀数据系统构建需要完成腐蚀数据子系统、腐蚀知识子系统及腐蚀决策子系统的连接，构建基于实测数据的因素、权重、阈值、决策模型，达到基于装备实测数据制定腐蚀防护维修策略的目的。

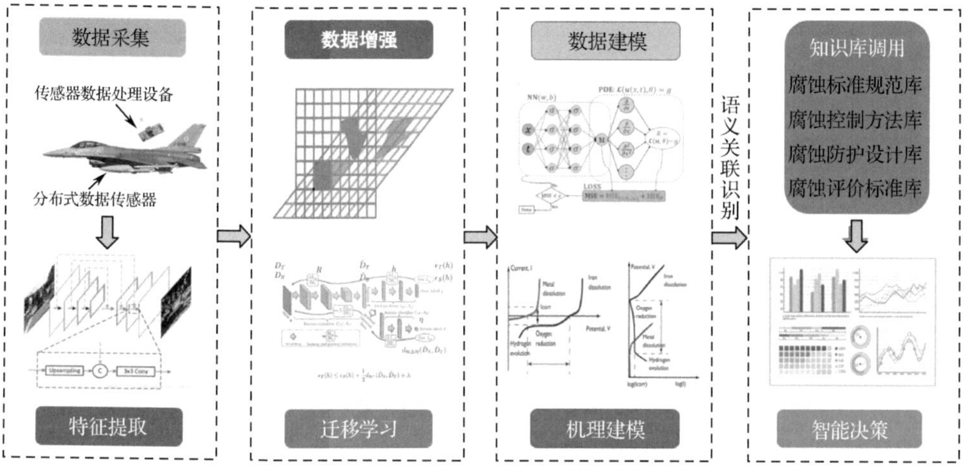

图 6-15　智能决策逻辑示意图

参考文献

[1] 曹楚南. 中国材料的自然环境腐蚀[M]. 北京：化学工业出版社，2005.

[2] LI X，ZHANG D，LIU Z，et al. Materials science：Share corrosion data[J]. Nature，2015，527：441-442。

[3] 曹楚南. 腐蚀电化学原理[M]. 3 版. 北京：化学工业出版社，2008.

[4] 查全性. 电极过程动力学导论[M]. 3 版. 北京：科学出版社，2002.

[5] 魏宝明. 金属腐蚀理论及应用[M]. 北京：化学工业出版社，2005.

[6] 柯伟. 中国腐蚀调查报告[M]. 北京：化学工业出版社，2003.

[7] 刘岩，刘斌，石泽耀，等. 数值仿真技术在腐蚀与防护领域应用研究进展[J]. 装备环境工程，2020，17（12）：60-66.

[8] DONG C F，JI Y C，WEI X，et al. Integrated computation of corrosion：Modelling，simulation and applications[J]. Corrosion Communications，2021（2）：8-23.

[9] MURER N，BUCHHEIT R G. Stochastic modeling of pitting corrosion in aluminum alloys[J]. Corrosion Science，2013，69：139-148.

[10] PAN L Y，LEI B G，FAN Z，et al. Application of ANSYS finite element method in cathodic protection of pipelines[J]. Materials Protection，2014，47：45-47.

[11] HUEBNER K H，DEWHIRST D L. The Finite Element Method for Engineers[M]. New York：John Wiley & Sons，2001.

[12] VIEIRA A，ROCHA L，PAPAGEORGIOUET N，et al. Mechanical and electrochemical deterioration mechanisms in the tribocorrosion of Al alloys in NaCl and in $NaNO_3$ solutions[J]. Corrosion Science，2012，54（1）：26-35.

[13] 李华峰，刘炎，陈建如，等. 基于碳钢腐蚀的混合数字孪生的设计与实现[J]. 中国舰船研究，2021，16（5）：230-237.

[14] 王涛，方志刚. 潜艇腐蚀防护数值仿真评估研究[J]. 中国高新科技，2022（2）：34-35.

[15] 冯亚菲，方志刚，赵伊. 海军装备腐蚀仿真技术现状、挑战和展望[J]. 中国材料进展，2020，39（3）：179-184.

[16] 方志刚，曹京宜，冯亚菲，等. 美国海军装备腐蚀预防与控制战略研究[J]. 中国材料进展，2020，39（3）：169-173，190.